中國美術分類全集

中國建築藝術全集 1

宮殿建築（一）（北京）

中國建築藝術全集編輯委員會 編

前言

中華民族的文化，從時間久遠來講，已有五千多年歷史，這是中外人士都知道的；從覆蓋的面積來講，可有若千萬平方公里的區域，也是中外人士都已看到的；若從它的構成因素來講，恐怕瞭解的人士就比較不太多了。

無論研究中華文化史或欣賞由此文化所構成的美術品的人，沒有不驚嘆它的燦爛、豐富而有應接不暇之感的。如果探討其原因所在，就會理解到絶不可能僅僅是某一時代、某一地區、某一民族所能獨自創造完成的。中國是個多民族的國家，各族之間自古即隨時隨處，互相習染、互相融合，纔有現在所見的驚人燦爛的文化及其成果。

世界歷史上有不少幾千年前已建立的文明古國，但至今已不存在或雖仍存在却曾中斷過一段時間的并不少見。而我們中國則綿延數千年歷史未曾中斷，甚至某個事件的日期，古史書上的記載可以和出土文物銘刻相吻合。中國的歷史長河中，雖也曾有些小段爲某些兄弟民族掌了政權，但他們都是中華民族大家庭的組成部分，沒有割斷中華文化傳統，所以説中華文化是五千多年綿延未斷的文化，可稱當之無愧的。

幾年前，中央宣傳部組織了衆多的文化、文物工作的專家，編成《中國美術全集》六十大册。出版以來，讀者眼界大開，這六十册書起到了現有的任何博物館及任何文化藝術史的論著都無法取得對人民的啓發、教育作用。事實很簡單，無論哪個博物館，哪部研究、介紹這類學術的著作，都不可能同時擁有這些陳列品和實物的直觀插圖。凡有過閱讀、研究這類書籍的人都知道，讀千百字的文字説明，不如看一眼實物，那麼能一次瀏覽這些圖片，豈不『勝讀十年書』！

現在我國文化、教育事業隨著經濟的發展而不斷地擴充、提高。文史書籍的搜集、重印，以及從種種角度加以整理傳播，已取得普及與提高的極大效果，而美術方面也不容無所擴展、充實。由于原六十册的内容難以盡納各個時代的代表作品，而且新發現的文物珍品也有待補充。更有些近、現代的優秀作品，反映中國文化藝術新發展的，過去還未及選編，現在亦應納入。于是領導上再次組織群力，在以前六十大册的基礎上翻成幾倍，編爲《中國美術分類全集》，預計約有三百餘册。這部新編巨著中，藝術種類雖然變動不大，但在每一種類中并非衹數量加多，重要在盡力增加具有代表性的名品。

本書所收各類藝術名品，以國内、境内公、私所藏爲主，國外、境外藏品中最重要的名品具有代表性的，也酌量收入。至于近期最新發現以及最近出土的，由于編輯印刷工序關係未及補充，俱有待于續編工作。

這部巨著成書，我們雖然足以自慰，但從中華文化中美術類的全部來説，還有很大的距離，希望本書的讀者，尤其是在世界的廣大專家，能把它看成是中華文化中美術部分的扼要介紹，纔較符合實際。現在我們全體工作人員共同敬願廣大讀者予以指正！

啓功

一九九七年四月

中國美術分類全集領導工作委員會

中國美術分類全集總編輯出版委員會

總　編　輯　啓　功

常務副總編輯　趙　敏

副　總　編　輯　郜宗遠　劉玉山

張囤生　吴士餘

委　　　員　（按姓氏筆畫爲序）

于永湛　王朝聞　王樹村　王　琦　王伯揚　艾中信　朱家縉　沈　鵬

李學勤　李書敏　宋鎮鈴　金維諾　周　誼　林文碧　吴士餘　吴成槐

吴　鵬　馬承源　段文杰　俞偉超　郜宗遠　姚鳳林　陳允鶴　陳宏仁

孫振庭　奚天鷹　啓　功　寇曉偉　張　仃　張囤生　常沙娜　許力以

清白音　楊伯達　楊牧之　楊　新　楊　瑾　楊純如　趙　敏　趙志光

趙貴德　鄧　白　樓慶西　劉玉山　劉振清　劉建平　劉慈慰　樊錦詩

閻曉宏　謝稚柳　關山月　羅哲文　龔繼先

一九八六年至一九九七年間曾任《中國美術分類全集》領導工作委員會、總編輯委員會的副主任、總編輯、副總編輯及編委名單如下：

領導工作委員會　副　主　任　吴作人　劉　杲

委　　　員　袁　亮　張德勤

總編輯委員會　總　編　輯　邵　宇

副總編輯　陳允鶴　楊　瑾　龔繼先

委　　　員　古　元

本卷主編

于倬雲　北京故宮博物院教授級高級工程師

周蘇琴　北京故宮博物院副研究館員

攝影　胡锤

繪圖　蘇怡　周蘇琴

凡例

一 《中國建築藝術全集》共二十四卷，按建築類別、年代和地區編排，力求全面展示中國古代建築藝術的成就。

二 本書爲《中國建築藝術全集》第一卷『宮殿建築』（一）（北京）

三 本書圖版按照北京故宮各組建築之各部構造和藝術造型(屋頂、彩畫、天花藻井、臺基與欄杆、河道與橋梁、梁枋飾件、門窗裝修、琉璃與色彩等)編排，詳盡展示了北京故宮建築藝術的杰出成就。

四 卷首載有論文《北京故宮建築藝術》，概要論述了北京故宮在環境規劃、空間組合、建築造型與形制、結構構造與裝飾裝修方面的藝術 特色。在其後的圖版部分精選了一百九十五幅建築内外部照片。在最後的圖版説明中對主要照片做了簡要的文字説明。

目錄

論文

北京故宮建築藝術……1

圖版

屋頂及裝飾

一 紫禁城全景……1
二 午門正樓（重檐廡殿頂）……2
三 午門上西南崇樓（重檐四角攢尖頂）……3
四 太和殿（重檐廡殿頂）……4
五 乾清宮（重檐廡殿頂）……5
六 乾清宮內景……7
七 坤寧宮（重檐廡殿頂）……8
八 奉先殿（重檐廡殿頂）……9
九 皇極殿（重檐廡殿頂）……11
一〇 慈寧宮（重檐廡殿頂）……12
一一 《慈寧燕喜圖》……13
一二 景陽宮（單檐廡殿頂）……14
一三 體仁閣（單檐廡殿頂）……15
一四 太和門夜景（重檐歇山頂）……16
一五 保和殿（重檐歇山頂）……17
一六 太和殿四隅崇樓（重檐歇山頂）……18
一七 乾清門（重檐歇山頂）……19
一八 長春宮（單檐歇山頂）……20
一九 樂壽堂（單檐歇山頂）……21
二〇 暢音閣（捲棚歇山頂）……22
二一 角樓（四面顯山的歇山頂）……23
二二 角樓寶頂……24
二三 中和殿（四角攢尖頂）……26
二四 交泰殿（四角攢尖頂）……27
二五 御景亭（四角攢尖頂）……28
二六 聳秀亭（四角攢尖頂）……29
二七 千秋亭（重檐攢尖頂）……30
二八 千秋亭寶頂……31
二九 欽安殿（重檐盝頂）……32
三〇 欽安殿盝頂之中置鎏金塔式寶頂……33
三一 御花園西井亭（八角攢尖盝頂）……33
三二 碧螺亭（五脊重檐攢尖頂）……34
三三 碧螺亭束腰藍底白色冰梅紋琉璃寶頂……35
三四 文淵閣碑亭（盔頂）……36
三五 雨花閣（四角攢尖頂）……37
三六 雨花閣塔式寶頂……38
三七 太和殿……39
三八 太和殿大吻……39
三九 保和殿大吻……40
四〇 太和殿脊飾（十件）……40

四一　交泰殿脊飾（七件）……41
四二　儲秀宮脊飾（五件）……41
四三　南三所琉璃門……42
四四　南三所琉璃門脊飾（三件）……43
四五　琉璃門脊飾（一件）……44
四六　養性齋……45
四七　養性齋合角吻……46
四八　乾清門外東值房合角吻……47

彩畫及裝飾

四九　長春宮内檐梁架彩畫小樣（明代）……48
五〇　鍾粹宮内檐梁架彩畫小樣（明代）……50
五一　南薰殿内檐彩畫（明代）……52
五二　南薰殿内檐彩畫小樣（明代）……54
五三　奉先殿彩畫小樣（明代）……56
五四　太和殿内檐和璽彩畫（清代）……57
五五　交泰殿梁枋飾龍鳳紋和璽彩畫（清代）……58
五六　隆宗門内檐旋子彩畫（清代）……59
五七　協和門旋子彩畫（清代）……60
五八　漱芳齋東門蘇式彩畫（清乾隆）……61
五九　長春宮游廊蘇式彩畫（清晚期）……62
六〇　翊坤宮外檐蘇式彩畫（清晚期）……63
六一　絳雪軒……64
六二　絳雪軒斑竹紋彩畫（清乾隆）……65
六三　太和殿溜金斗栱彩畫（清康熙）……66
六四　皇極殿内檐轉角斗栱彩畫（清乾隆）……67
六五　太和殿内景……68
六六　太和殿龍紋天花……69
六七　寧壽門龍紋天花……70
六八　景陽宮雙鶴紋天花……71
六九　儲秀宮廊内百花紋天花……72
七〇　雨花閣六字真言紋天花……73
七一　奉先殿渾金蓮花水草紋天花……74
七二　南薰殿藻井……75
七三　太和殿藻井……76
七四　交泰殿藻井……77
七五　符望閣藻井……78
七六　臨溪亭彩繪藻井……78

石雕、路面及裝飾

七七　三大殿鳥瞰……79
七八　太和殿前雲龍紋御路……80
七九　三臺白石須彌座……81
八〇　三臺雲龍紋望柱……82
八一　三臺雲鳳紋望柱……83
八二　保和殿後雲龍紋御路……84
八三　乾清宮……85
八四　乾清宮前部白石雲龍紋望柱頭……86
八五　乾清宮後青磚臺基琉璃燈籠磚牆……87
八六　寧壽宮青磚臺基琉璃燈籠磚牆……88
八七　永壽宮龍鳳紋御路……89
八八　皇極殿錦地百花祥獸龍紋御路……90
八九　御花園……91
九〇　御花園石子路……91
九一　御花園石子路……92
九二　午門馬道……92
九三　神武門馬道……93

河之橋及裝飾

九四　護城河（角樓、城牆）……94
九五　護城河夜景……95

九六 外西路西牆外蜿蜒的河道（西筒子河）……96
九七 文華殿西牆外的河道……97
九八 太和門前的金水河……98
九九 太和門前的金水橋（五座橋）……99
一〇〇 金水河石欄板望柱……100
一〇一 前星門前的三座橋……101
一〇二 東華門內的單座橋……102
一〇三 東華門內石橋的望柱頭……103
一〇四 斷虹橋（單座橋）……104
一〇五 斷虹橋望柱頭……105
一〇六 斷虹橋望柱頭……106
一〇七 文淵閣前水池石橋……107
一〇八 文淵閣前水池石橋望柱頭……107
一〇九 文淵閣前水池欄板……108
一一〇 文淵閣前水池欄板柱頭……109
一一一 協和門外的單臂橋……110

功能型構件及裝飾

一一二 太和殿梁架……111
一一三 太和殿梁架上之隔架科……112
一一四 養心殿抱厦梁架上之隔架科……112
一一五 寧壽門梁架上之隔架科……113
一一六 太和門梁架……114
一一七 太和門梁架上之隔架科……115
一一八 協和門駝峰……116
一一九 南薰殿霸王拳（明代）……117
一二〇 保和殿霸王拳（明代）……118
一二一 中和殿霸王拳（明代）……119
一二二 坤寧宮霸王拳（明代）……120
一二三 太和殿霸王拳（清代）……121
一二四 樂壽堂霸王拳（清代）……122
一二五 保和殿雀替（明嘉靖）……123
一二六 坤寧宮雀替（明萬曆）……124
一二七 太和殿雀替（清康熙）……125
一二八 皇極殿雀替（清乾隆）……126
一二九 長春宮雀替（清咸豐）……126
一三〇 儲秀宮雀替（清光緒）……127
一三一 太和門雀替（清光緒）……128
一三二 四神祠……129
一三三 四神祠縧環板（明中期）……130
一三四 澄瑞亭縧環板（明、清）……131
一三五 體仁閣縧環板（清乾隆）……132
一三六 養性齋縧環板（清乾隆）……133
一三七 寧壽宮縧環板（清乾隆）……133
一三八 皇極殿西垂花門縧環板（清乾隆）……134

豪華的裝修及裝飾

一三九 太和殿三交六椀菱花槅扇門（後檐）……135
一四〇 太和殿槅扇門裙板……135
一四一 太和殿三交六椀菱花槅扇窗……136
一四二 太和殿內通夾室的門……137
一四三 交泰殿三交六椀菱花槅扇門……138
一四四 坤寧宮吊搭窗……140
一四五 坤寧宮——清宮薩滿教祭神的重要場所……141
一四六 坤寧宮東暖閣——皇帝大婚的洞房……142
一四七 養心殿……144
一四八 養心殿明間內景……145
一四九 養心殿東暖閣……146
一五〇 養心殿三希堂……147
一五一 乾隆皇帝御筆『三希堂』……148

一五二 養心殿後殿明間内景……149
一五三 養心殿後殿東梢間皇帝寢室……150
一五四 養心殿東圍房……152
一五五 鍾粹宮……153
一五六 鍾翠宮竹紋裙板……154
一五七 儲秀宮……155
一五八 儲秀宮蝠壽紋支摘窗……156
一五九 儲秀宮東次間内景……157
一六〇 儲秀宮西次間内景……158
一六一 太極殿……159
一六二 太極殿銅鎦金看葉……160
一六三 太極殿風門裙板裝飾……161
一六四 太極殿内景……162
一六五 長春宮……164
一六六 長春宮内景……165
一六七 長春宮西次間内景……166
一六八 雨花閣……167
一六九 雨花閣檐下裝飾……168
一七〇 雨花閣二層内景……169
一七一 雨花閣内樓梯間……170
一七二 梵華樓……171
一七三 梵華樓一層佛堂内景……173
一七四 梵華樓二層佛堂内景……172

色彩斑斕的琉璃世界

一七五 南三所鳥瞰……174
一七六 南三所大門内廣場……175
一七七 御花園花壇……176
一七八 御花園花壇琉璃座……177
一七九 凝香亭……178
一八〇 如亭圍牆漏窗……179
一八一 漏窗琉璃裝飾……180
一八二 竹香館圍牆……181
一八三 西華門内值房(黑琉璃瓦頂)……182
一八四 文淵閣(黑琉璃瓦綠剪邊)……183
一八五 順貞門……184
一八六 順貞門琉璃裝飾細部……186
一八七 皇極門……187
一八八 皇極門琉璃裝飾細部……188
一八九 乾清門外影壁……189
一九〇 乾清門影壁琉璃裝飾……190
一九一 天一門……191
一九二 天一門影壁琉璃裝飾……192
一九三 遵義門影壁琉璃裝飾……193
一九四 養心門……195
一九五 景山……196

北京故宮建築藝術

中國古代建築中，『宮室』的名稱出現很早。在新石器時代，當人們的居住條件從袋穴發展到半地穴，從單穴發展到復穴的時候，由于兩穴通聯，形成象形的『呂』字，住在復穴之中的人們則按會意的方法把人與復穴組合爲『侶』字，復穴中加上屋頂則爲會意的『宮』字。因此在《易·繫辭》中曾載：『上古穴居而野處，後世聖人易之以宮室』，説明上古時人們居住條件的變化情況，同時也説明宮室是人們居住房屋的通稱。當進入階級社會之後，由于居住條件差別懸殊，王公的宮室豪華奢麗，奴隸們仍居穴中，于是宮室遂成爲王公住宅的專用名詞。

殷商以前，由于都邑未固定，生産技術條件很低等原因，宮室建築還未有突出的發展。尤其『黄帝邑于涿鹿之阿，遷徙往來無常處』的時候，不可能花很大的功夫營建宮室。堯的宮室『堂高三尺，茅茨不剪』，衹是在三尺高的土臺基上建茅草房。直到禹時仍然『卑宮室』。自商王盤庚遷都于殷（今河南安陽小屯村）以後，由于國都有了固定地點，宮室建築的規模與裝飾日趨講究起來；新的技術也首先用在宮室的建築工程中，如殷墟銅鑕，周朝初期的豐鎬瓦當，燕下都出土的蟬紋筒瓦（圖一），陶製的排水管（圖二）與螭首排水等新的建材工藝都用在宮殿建築中；戰國時的宮殿丹楹彩椽，山節藻梲，建築裝飾日趨華麗，改變了茅茨土階的簡陋情況。這些做法開闢了建築藝術的新紀元。

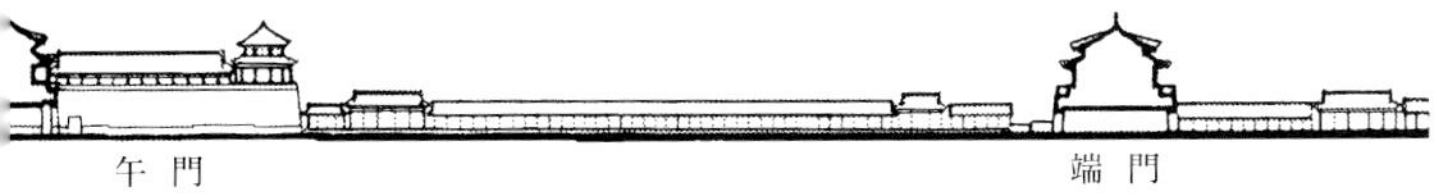

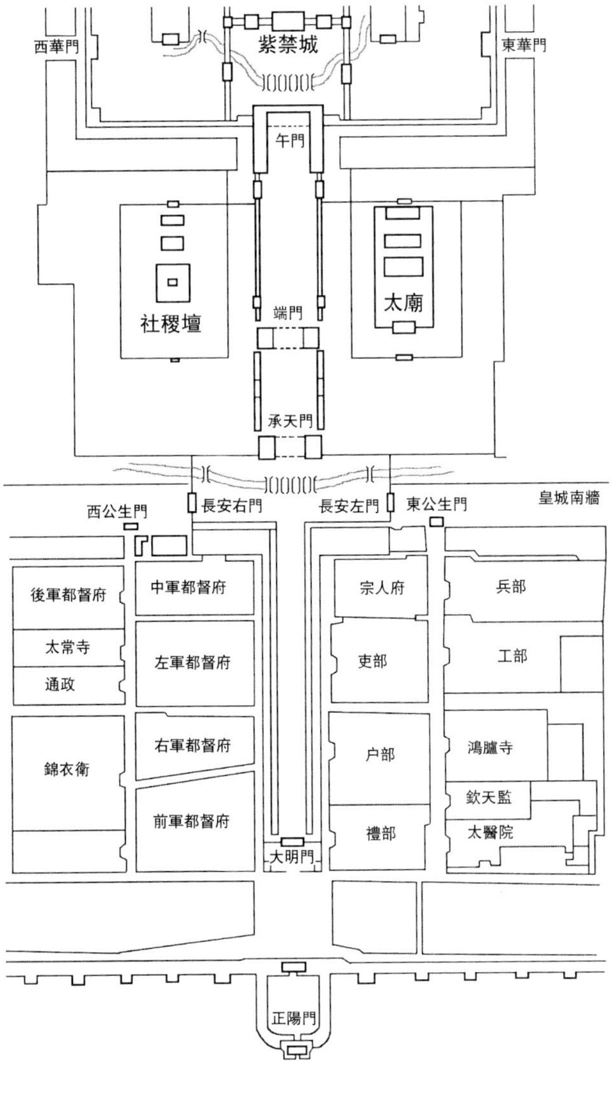

圖五　紫禁城南部軸綫兩側壇廟、衙署設置示意圖

圖一　燕下都遺址出土蟬紋筒瓦

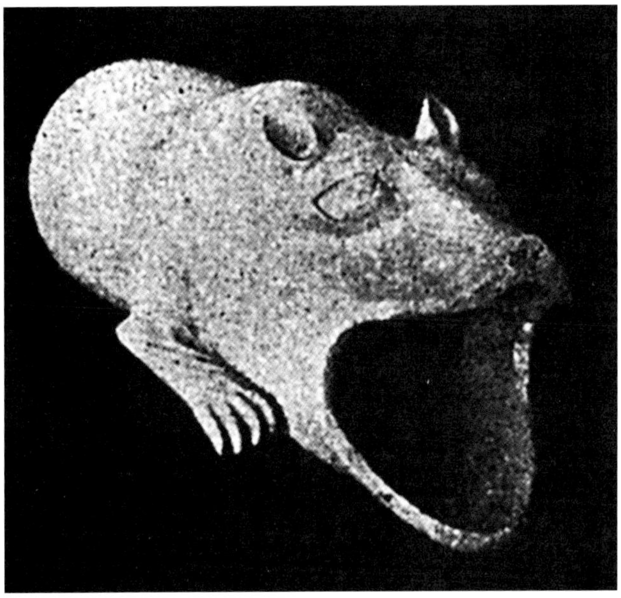

圖二　燕下都遺址出土陶製排水管

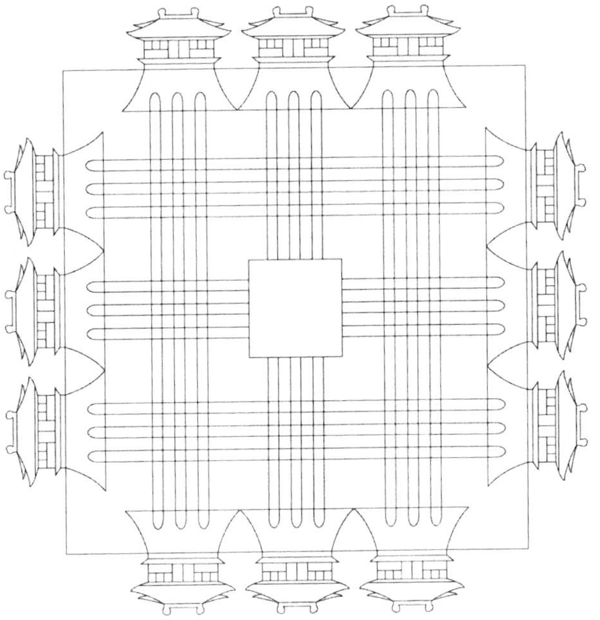

圖三　《三禮圖》中的周王城圖

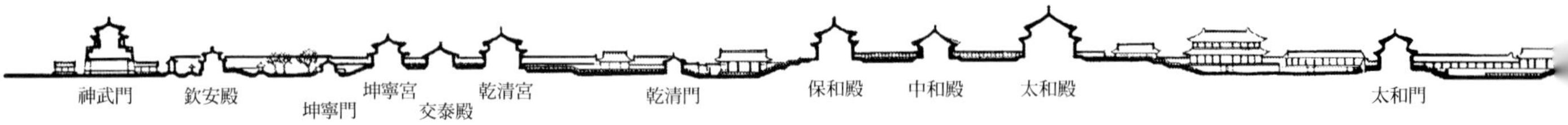

圖四　紫禁城中軸綫建築剖面圖

一　紫禁城的環境規劃與文化内涵

歷代建都都有一定規制，尤以尊禮爲崇，『王者必居天下之中，禮也』。『中』爲最尊貴的方位。『擇天下之中而立國，擇國之中而立宮』（《呂氏春秋·慎勢篇》），就成爲歷代帝王規劃都城時遵循的原則。古制：『匠人營國，旁三門，國中九經九緯，經塗九軌，左祖右社，面朝後市……』（《周禮·考工記·匠人營國》）（圖三）。這左、右、面、後都是相對帝王居住的宮城而言，宮城則位于都城的中心，擇中思想十分突出。紫禁城位于北京城的中心，正是遵循了這一思想而規劃實施的結果。

以宮城爲中心向南北延伸，即以紫禁城爲中心向南至永定門四千六百米，向北至鐘樓北側城牆三千米，構成了北京城長達八公里的南北中軸綫。南半部從紫禁城正南門午門向南依次建有端門、天安門、外金水橋、千步廊、大明門（大清門），至内城正南的正陽門，形成了一條長一千五百米的天街（圖四）。沿著南部軸綫的兩側，從午門至天安門左右設置了祭祖的太廟和祭五谷的社稷壇；在天安門外千步廊兩側，設置了各部、院辦公的衙署；在正陽門外和永定門之間軸綫的東側建祭天建築天壇，西側設祭祀先農的先農壇等壇廟建築。這些壇廟衙署與中軸綫組成了宮前區極富特色的空間序列，皇權的神聖在都城規劃中得以充分表現（圖五）。

紫禁城是北京城的核心，是帝王朝政及皇家居住生活的宮殿。就帝王住宅而言，除了擇中而立外，還要滿足各種使用的需要，更要對于所處環境、建築規模、建築體制有極高的標準和藝術上的完善。紫禁城是在元大内的基礎上平地建造，爲了追求好的風水環境，將宮城四周開挖護城河的土運至宮城北側，堆砌成山，又引護城河水入紫禁城，從南側流過，形成了背山面水的最佳效果。

紫禁城占地七十二萬平方米，城高十米，外有五十二米寬的護城河環繞，總體布局以軸綫爲主，左右對稱。建築分布根據朝政活動和日常起居的需要，分爲南北兩部分，以保和殿後至乾清門之間的横向廣場分隔内外，形成了外朝内廷的布局（圖六）。宮城内南側三分之二部分爲外朝，沿中軸綫布置的太和殿、中和殿、保和殿，即三大殿，建在位于土字形的三層漢白玉石臺基之上，以廊廡、門、閣、樓等合圍成占地約八萬七千平方米寬廣開闊的庭院；三大殿左側設文華殿，右側設武英殿，成左輔右弼横向排列。外朝建築雄偉宏大，爲皇帝舉行重大典禮和朝廷處理政務的地方（圖七）。

北半部爲内廷區域，以皇帝、皇后居住的乾清宮、坤寧宮爲中心，左右有供嬪妃居住的東西六宮，皇子居住的乾東西五所；供皇太后居住的慈寧宮、壽康宮、壽安宮分布在西部，

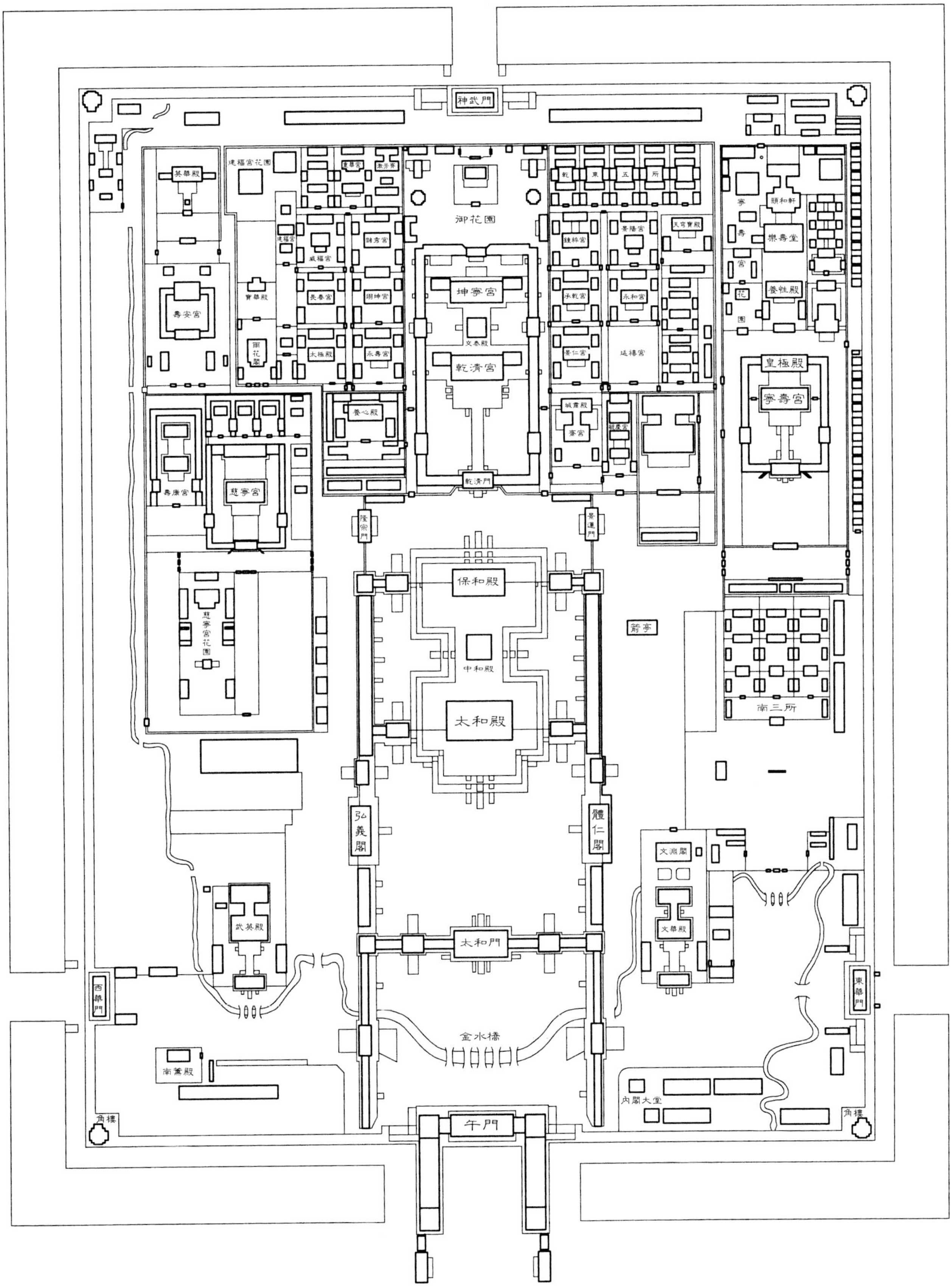
神武門
英華殿
建福宮花園
御花園
乾
東
五
所
壽安宮
雨花閣
咸福宮
儲秀宮
長春宮
翊坤宮
太極殿
永壽宮
坤寧宮
交泰殿
乾清宮
乾清門
鍾粹宮
景陽宮
承乾宮
永和宮
景仁宮
延禧宮
齋宮
毓慶宮
頤和軒
樂壽堂
養性殿
皇極殿
寧壽宮
養心殿
壽康宮
慈寧宮
慈寧宮花園
隆宗門
景運門
保和殿
中和殿
太和殿
箭亭
南三所
弘義閣
體仁閣
太和門
文淵閣
文華殿
武英殿
西華門
東華門
金水橋
南薰殿
內閣大堂
角樓
午門
角樓

圖六　紫禁城總平面圖

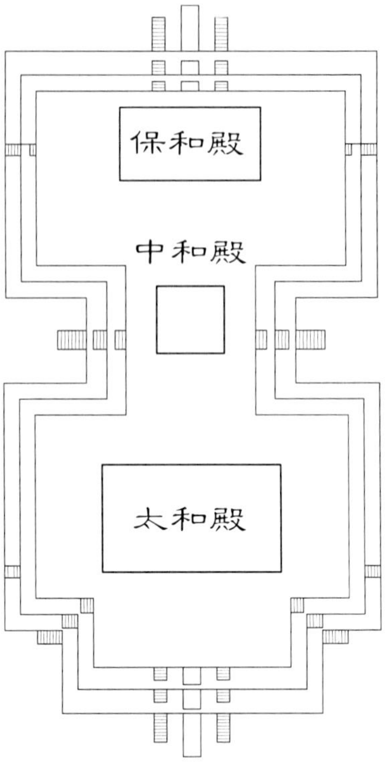

圖七　三大殿總平面圖

太上皇宮殿建在東部；另有花園、戲臺、藏書樓等文化娛樂、游憩及服務等設施。內廷建設布局嚴謹、封閉，建築形式多樣，裝飾華麗，體現了皇家建築的豪華與氣派，是皇帝處理日常政務、生活起居和皇室生活、娛樂的主要場所。

總體布局以尊禮爲崇，單體建築也同樣受『禮』的制約和影響。自漢代獨尊儒術，儒家學說的中心思想『禮』就成爲人們一切行爲的最高準則，即孔子所說：『動之不以禮，未善也』。規範人們的吃、穿、住、行都要以禮爲準繩，禮所反映的就是等級制度。規範（規劃）建築規模、建築形制，即根據使用的需要，制訂出不同的建築等級，以確定建築的體量、規模、形式，甚至色彩和裝飾。依『禮制』設計出來的宮殿建築，規範、嚴謹、封閉。天子居住的宮殿以多、太(大)、高、文爲貴的思想，在紫禁城建築中表現得淋漓盡致；同時，少、小、矮、平等不同的建築形式與之形成了鮮明的等級差別，體現了紫禁城宮殿建築多樣性的統一。因此可以說，『禮』，是紫禁城建築總體設計思想的理論基礎。

二　宮殿建築群體組合的獨特風格

中國古代建築之宏偉，不僅在于其單座建築體量之大，而主要在于群體組合之巧妙。紫禁城宮殿由九百餘座房屋所形成的龐大的建築群體，在合理的排列組合中達到了所追求的目的和效果，體現出了宮殿建築排列組合的特點：

1、平面總體規划——數的排列組合。中國古代建築的一大特點，即它的群體的形成不像西方建築進行量的集結，而是在于數的積累。中國古代建築是以間作爲建築的基本單位。由于中國建築獨特的構架制度，因此柱子的分布，便成爲平面配置上的重要因素。早在商朝的宮室中已有排列成行的柱網。凡四柱之中或梁架之間的空間稱爲間。三個空間的尺度是長、寬、高。房間的三個尺度叫做面闊、進深与柱高。形容一座建築物的大小、體量，一般不直接説其面積的多少，而是形象地直呼面闊幾間，進深幾間。由此可見數間的積累就成爲座，即一座單體建築是由數『間』所組成的。數座單體建築根据需要組合爲院。院作爲群體建築的基本組織單位，『院』的多少，也就決定了建築群體的規模。

2、平面布局與空間的利用。在規劃設計中，對空間的合理利用，應是設計者的主要目的。平面布局往往產生兩種不同的空間，即室內空間和室外空間。中國古代建築的布局不僅僅注重室內空間的使用，而且也十分重視對室外空間的利用。對兩種空間環境利用的合理與否，是體現建築布局優劣的很重要的方面。宮殿建築的平面布局采用了取正、對稱的布局方法，體現了人的位尊思想與自然環境的理想結合，同時也創造出了一個完整的露天空間——院。院大小對人對空間的心理感受會有很大的影響。外朝政務、內廷起居的空間的大小，亦是根据使用的要求安排的，室外空間的大小，與建築的高矮、人的視覺等亦有一個適度的比例。

建築布局固然取決于建築功能與環境情況，但是建築規模往往取決于使用者的政治地位與經濟狀況，商朝時代一般人仍住在槽巢與地穴中，而宮室與家廟已很講究。由于其建築要有莊重尊嚴之感，往往以縱軸綫座中，在軸綫上布置主要建築，兩廂位于左右，工整對稱，或為建築布局的基本格局——三合院。當一個庭院的房屋不能滿足需要時，往往采取三種擴展的布置方法：

（一）縱向擴展

早在商朝宮室即有這種布置方法，其特點是沿著縱向縱軸，在主要庭院前後，布置若干不同平面的庭院，構成深度很大而又富于變化的空間。

在邯鄲發掘的戰國時代趙國都城遺址，中心有一條南北筆直的中軸綫，城中的主要宮殿就建在中軸綫上，主殿的東西兩側還有雙列礎石，似爲廊廡，對稱于兩廂，猶如保和殿前的兩廡。

縱向擴展的布置方法，流傳了二千餘年，而且極爲廣泛，民居中的四合院與廟宇中的數進大殿，都是沿襲此法。明代北京主軸綫上的正陽門與大明門（清代稱大清門）之間，用東西江米巷的牌樓組成了方形的棋盤街，這是京城（內城）前部的第一個空間。在大明門後面用千步廊組成了狹長石板御街，到北端成了『T』形廣場。金水橋北端的空間是以主軸綫上的承天門（清代稱天安門）爲主體建築，東西用對稱的三座門組成寬闊的空間，形成以承天門爲主體的，綴以白玉石橋的宮前的第一個高潮。承天門後面是一個由端門與東西朝房組成的氣氛收斂、略似方形的庭院，這是第三進空間。從端門往北，在左右兩列朝房之間又展開了一個漫長深遠的空間，一直引向第二個高潮，這就是形體宏偉、兩闕突出、巍峨壯麗的午

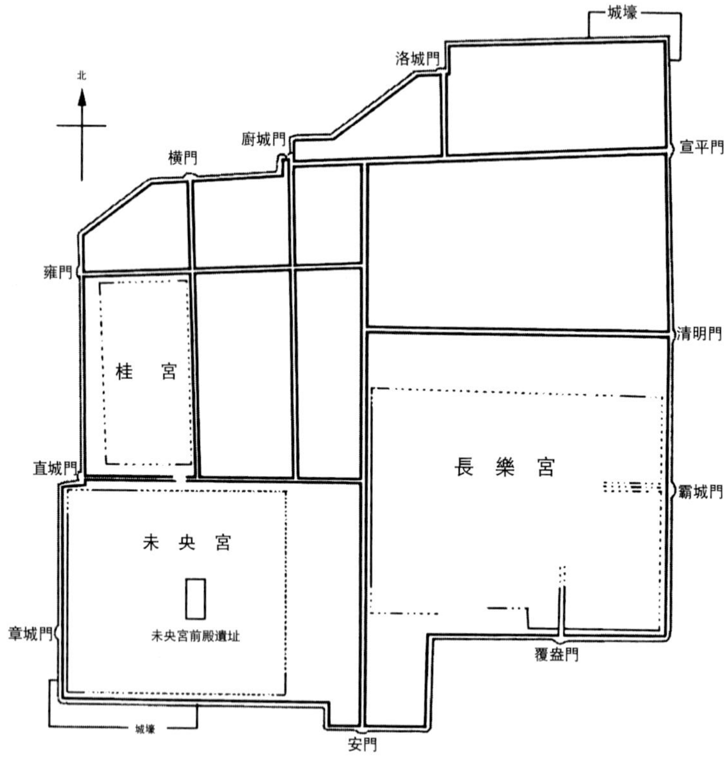

圖九　漢長安平面示意圖（據《中國古代建築史》）

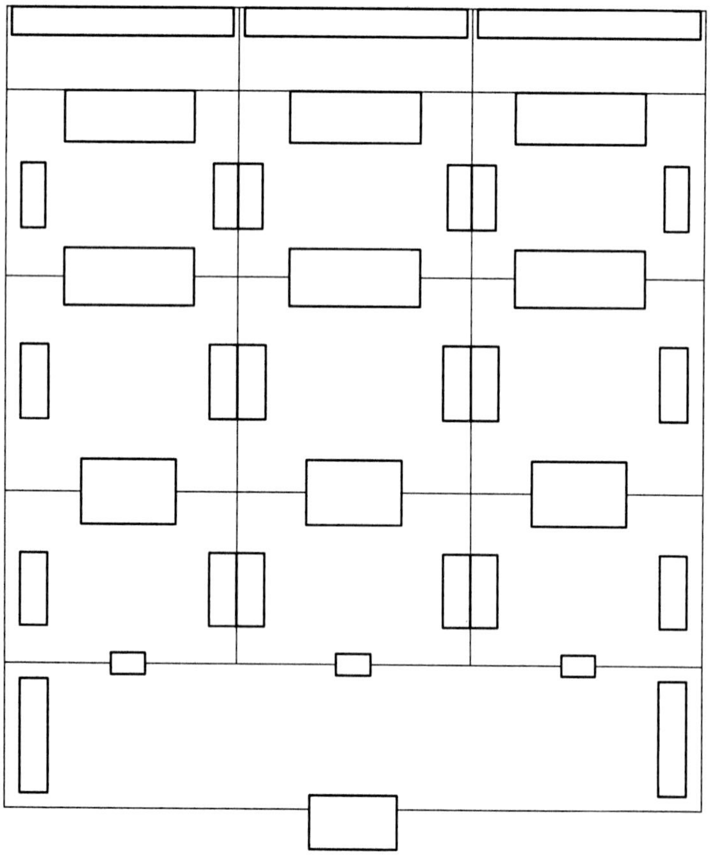

圖一〇　南三所平面布局示意圖

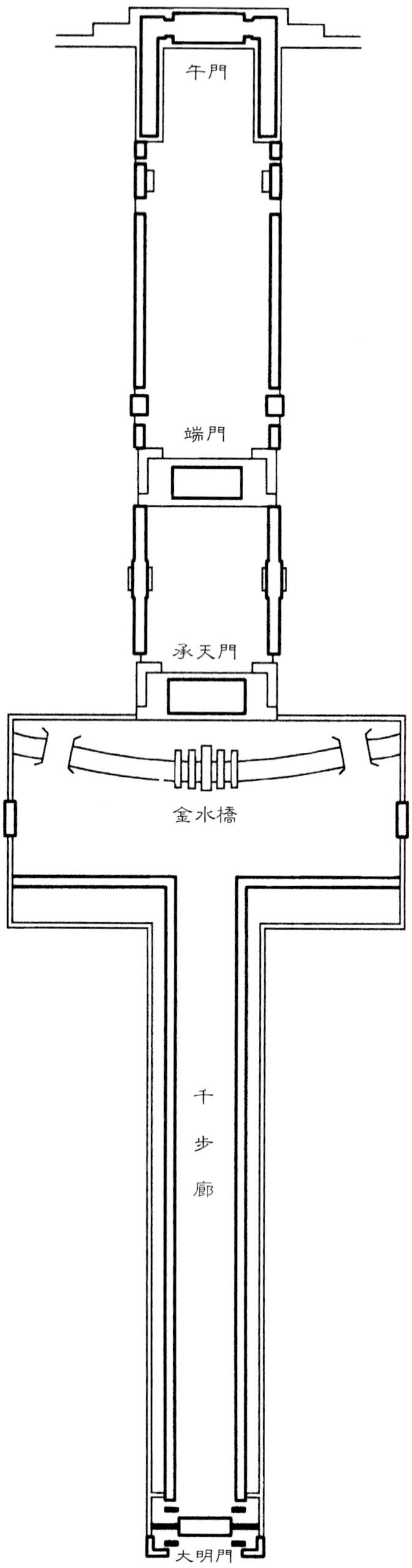

圖八　縱向擴展組合——紫禁城前庭平面略圖

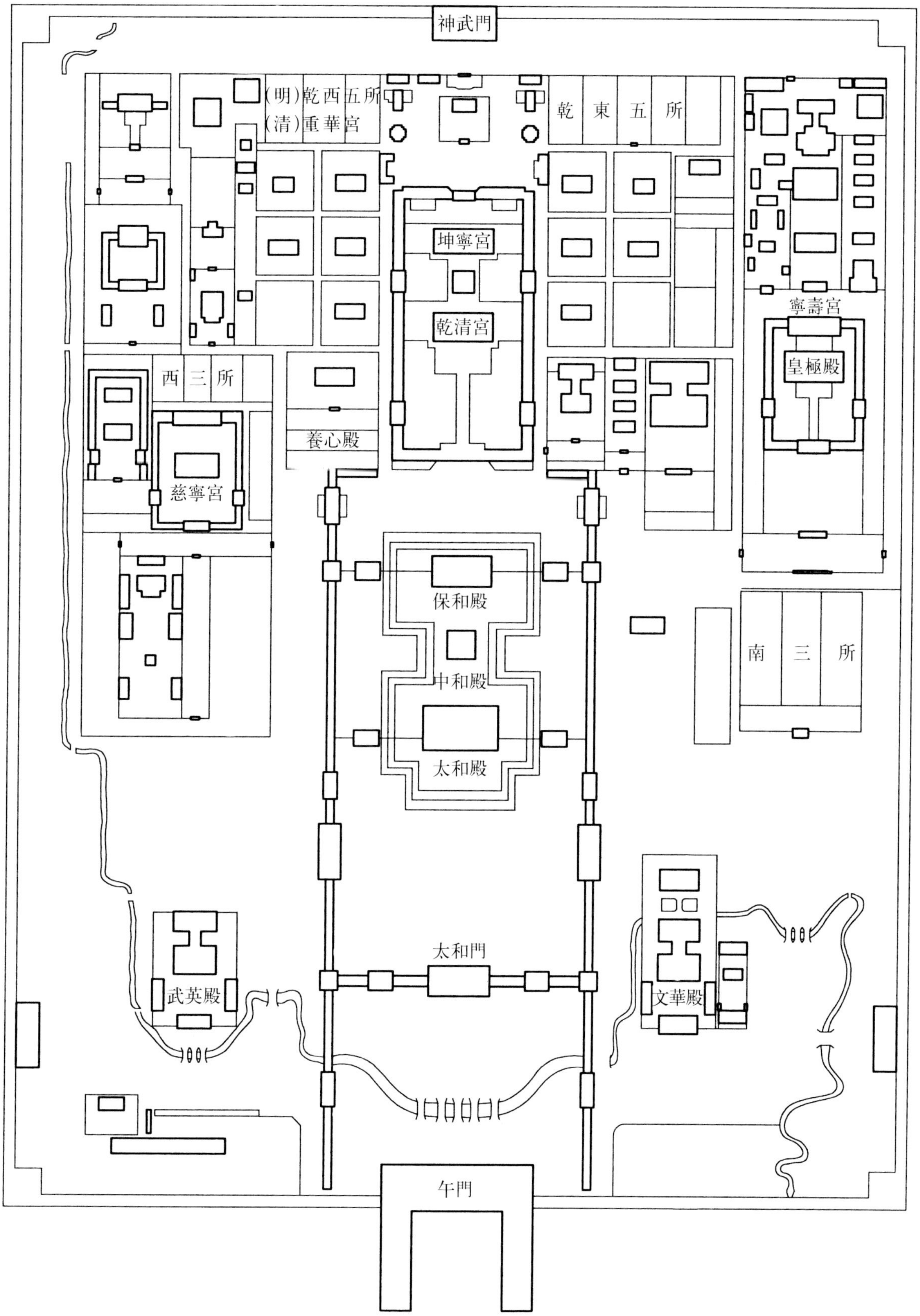

圖一一　縱橫雙向擴展組合——紫禁城平面略圖

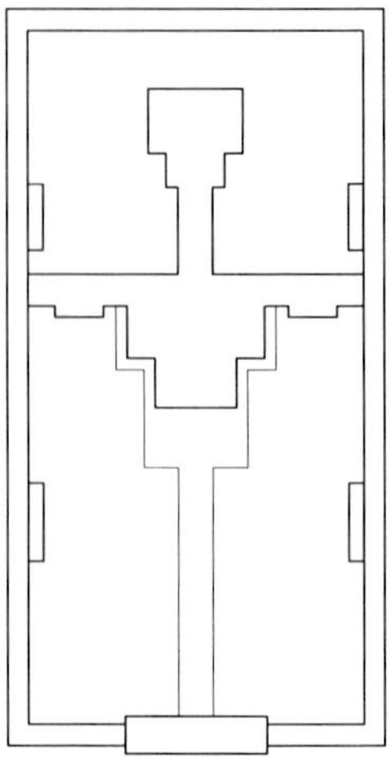

圖一二　北京東岳廟平面略圖

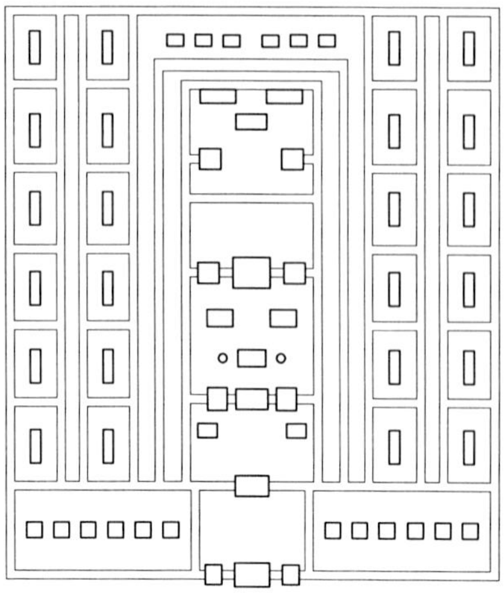

圖一三　唐代律宗寺院平面略圖（據《中國古代建築史》）

門。從正陽門內沿著中軸綫，逐層推進，直到午門，長達三里之遥的建築組合，就是采用縱向擴展的布置方法（圖八）。

（二）橫向擴展

係根據橫寬的地形在主要庭院的左右并列幾個庭院，以擴大其使用面積。秦漢時期，宮殿建築規模十分龐大，由于是不同時期所建，且無統一的規劃，因此沒有嚴格的軸綫限制，建築布局顯得較爲靈活，出現了秦的咸陽宮和漢的長樂宮、未央宮等橫向展開的寬廣宏偉場面，形成了離開中軸綫向兩側發展的布局（圖九），『自唐以來常爲宮殿、廟宇、衙署和大型住宅所采用……以後未繼續發展』（《中國古代建築史》）。紫禁城裏有些宮室，如東西六宮後面的東西五所，慈寧宮後面的西三所，清乾隆時期建的阿哥（皇子）居住的南三所（圖一〇），就是采用橫向擴展的布置方式。

（三）縱橫雙向擴展

即以上兩種布置方法兼而有之，既可構成深度大、富于變化的空間，又有左輔右弼的多座院落相陪襯，規模巨大的建築組群多采用這種配置方式。在一〇八七畝的基地上布滿了秩序嚴謹、井井有條的古建築群的紫禁城宮殿，就是縱橫雙向擴展配置的典型代表（圖一一）。尤其是內廷的主要建築乾清宮、坤寧宮，位于中軸綫上的高臺之上（明代中期在兩宮之間增建一座四角攢尖的交泰殿），周廡迴廊之圍，成爲該組庭院的中心。這個庭院布局猶如元代北京東岳廟的布置手法，用周圍廊廡把正殿與寢殿嚴謹地封閉起來（圖一二）。內廷的建築主要是供帝后生活的寢宮，其布局以乾、坤兩宮爲核心，以妃子、皇子居住的六宮五所作爲衆星拱衛，不放在主軸綫上，而是從主軸綫向東西兩側以橫向擴展方式布置。在乾清宮兩廡之間闢日精、月華、景和、隆福、基化、端則六門，左右相向，對偶排列，六門之外布置東西六宮與東西五所，各組庭院以長街、橫巷串連。這種縱橫擴展的布置方式，早在六朝宮殿中就已經采用了，唐代寺院也采取此法（圖一三）。紫禁城的空間組合，是歷代宮殿傳統布局的典型代表和實物鑒證。

三　中國古代宮殿建築的三大組成部分

宮殿建築的發展形成了我國古代宮殿建築的三個基本要素——臺基、柱梁、屋頂。當人們的居住條件從利用天然洞穴進入到人工挖穴的時候，由于氣候原因，人們的居住情況可概括爲巢居與穴居兩種主要建築形式。《禮記・禮遠》謂：『昔者先王未有宮室，冬則居營窟，夏則居槽巢』。這一記載説明當時根據氣候情況有兩種居住方式，即地穴與槽巢。在我國南方利用樹杈支搭的槽巢，逐漸向下發展，形成了干闌式的建築雛形。它的做法是把柱子插入地内叫做『柱跗』，然後在柱上架欏木與地板，這種『柱跗式』做法雖然不築臺基，但室内地面可以架空高于室外地平。後世干闌式的建築是由槽巢演變而來的。另一種是深在地下的袋穴逐漸向上發展。在中原與北方一帶的袋穴發展爲淺穴（半地下穴），逐漸形成地面下的房屋。爲了防止雨水流入室内，須使室内地平高于庭院地平，講究的房屋尤其是宮室皆築臺基，立柱上梁覆以屋頂，形成中國建築的三大組成部分：一是底盤的臺基，二是中間的牆柱，三是上蓋的屋頂。當時奴隸們的住宅仍是窑穴，它與新石器時代的淺穴没有多大區别，因此中國古代建築的三大組成部分，是隨著宮殿的發展而形成的。

（一）臺基

從淺穴上的房屋升爲地面上的建築時，爲了不使雨水流入室内，把房屋建在夯土的平臺上，形成臺基的形制。宮殿建築的臺基規模、形制與民居不同，受到嚴格的等級制度的制約。據考古發掘的夏朝宮室遺址（在鄭州二里崗）有百米見方的夯土臺基。商城宮室的臺基在河南安陽小屯發現了很多，其臺基用夯土築成，高度在〇・五米至一・二米之間。《禮記》中有：『天子之堂九尺，諸侯七尺，大夫五尺，士三尺』的記載，按周禮的定制，天子居住的宮室的臺基也衹有三米高。商周以後，夯土築臺成爲宮室建築中費工工程，尤其在東周時，各地諸侯都在美宮室高臺榭，不僅建築本身有其臺基，而且在臺基之下又設基臺（基壇）以增加建築的雄偉氣氛，故宮三大殿的三臺就是如此布局。在早期，臺基、基臺（基座、基壇）與臺是三種不同的東西。臺基是房屋的三個組成部分之一，在宋代稱爲階或階基。『臺』是指一座建築物而言，臺、榭、樓、閣都是屬于建築類型之一。《爾雅》釋曰：『觀四方而高曰臺。』臺的建造不僅是爲居高臨下，作爲眺望而用的構架物（如烽火臺），而且

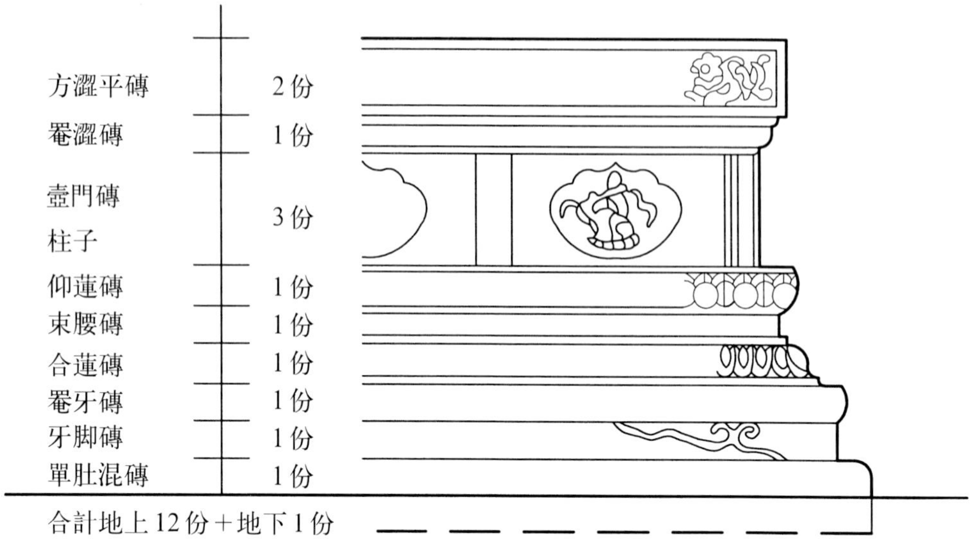

圖一四　宋式須彌座分析圖

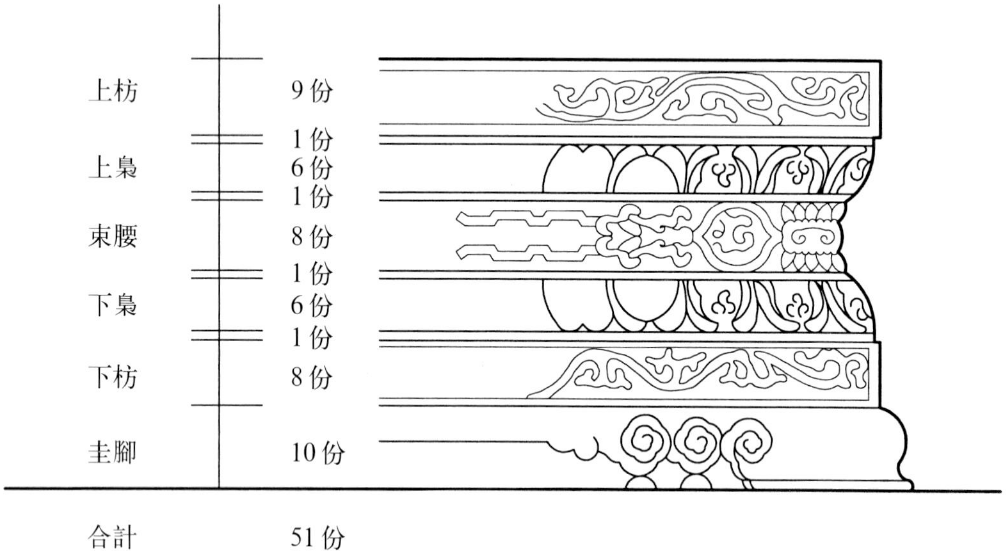

圖一五　清式須彌座分析圖

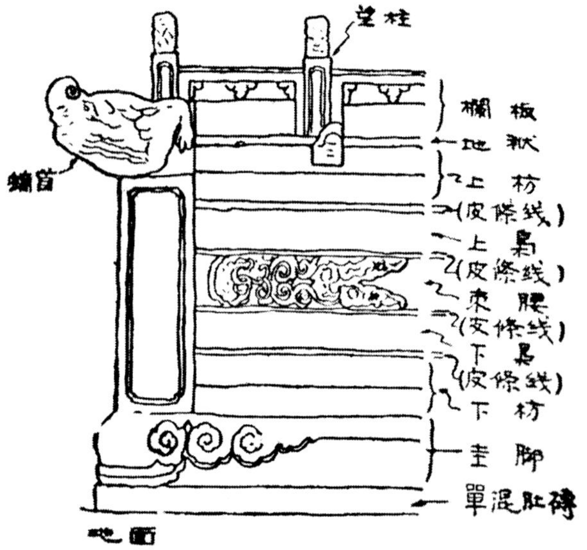

圖一六　故宮三臺下層須彌座爲雙層上下枋

圖一七　天壇祈年殿

圖一八　明長陵祾恩殿

還有爲了觀氣象的觀象臺；在軍事上有高高在上顯示威力的點將臺；在宮苑中有爲了觀賞而建的高臺等等。譬如：商王築鈞臺，周文王築靈臺，戰國時諸侯美宮室高臺榭，直至漢魏的宮室，多爲高臺聳立，并在臺上建築宮殿，并以臺作爲建築的名稱：如馳名的柏梁臺、神明臺、銅雀臺等等。

在宮室建築的發展中一方面在宮苑中增築臺榭，另一方面運用臺榭之美和壇臺之尊與大殿結合起來，成爲舒展而高聳的基座，由于它與臺、壇有相似的功能，所以又稱基壇或基臺。位于河北邯鄲西南四公里處所發掘的趙邯鄲城，其中軸线上的四個土臺依次排列，南端的土臺高十三·五米，面積一萬餘平方米，臺上可容納一整組建築群。這樣舒展寬闊的基臺，與臺在意義上就有些變化了，它在功能上已成爲承托宮殿建築的基座。尤其燕下都的姥姥臺高達八至十米，面積一千二百平方米，且爲三層，逐層放大，實爲現在故宮三大殿三臺之母。

漢代未央宮前殿的基臺約五萬平方米，東西長達一百五十米，南北達三百至四百米，雖然是素土夯打，但是非常堅實。東漢與南北朝時代的夯土臺基，往往在夯土的外面，用磚、石貼面，或在臺明的上下横鋪階條石與地栿石，中間豎以間柱，還有角柱或斗子蜀柱。南北朝時的莊嚴建築多用蓮花雕飾，佛座已有象徵須彌山的仰伏蓮雕飾。但建築中的須彌座尚未形成，當時建築臺基仍然是用階條石、土襯石、間柱、角柱做出直綫分格的形式。唐代的臺基間柱之内有用花磚貼砌的做法，也有把上枋下枋挑出使中間成爲束腰狀的臺基（見敦煌石窟一七二窟盛唐壁畫），這是須彌座的雛形。直到北宋時代的宮殿、佛塔已使用須彌座，宋《營造法式》中把須彌座規定了九層（皮條綫在外），自下往上爲單混肚磚、牙脚磚、罨牙磚、合蓮磚、束腰磚、仰蓮磚、壼門柱子磚、罨澀磚（圖一四）。明清官式建築的須彌座比宋代簡化，在圭脚上置上下相對的上下枋與上下梟，中間是束腰，梟的上下有皮條綫，較宋代須彌座明快（圖一五、圖一六）。

明代建築中對臺基的設計極爲考究，明代修建的三座最高等級的建築物——紫禁城奉天殿（即今之太和殿）、天壇祈年殿、長陵祾恩殿，都以三重白石須彌座、鈎欄爲基座，比例得當，把整座建築造型推向了一個新的高度，更加襯托出宮殿建築的宏偉壯麗。這一成就發展了中國建築臺基的功能，使之成爲建築造型美的重要組成部分。不難想像，如果太和殿、祈年殿、祾恩殿這三座建築捨去下部的三重基座和鈎欄，光靠上部的屋身和屋頂是無法達到今天我們所能見到的這種莊嚴宏偉的藝術效果的。當時在同樣采取三重基座的做法中，根據建築本身的造型、布局及功能要求等，分別采用圓形（圖一七祈年殿，用于祈天）、矩形（圖一八祾恩殿，用于陵寢）、土字形（圖一九奉天殿三臺，用于大朝）三種不同平面處理。同時在奉天殿一組建築中把前後三個建築設置在一個土字形基座之上，每座建築上又有其須彌座臺基，氣勢宏偉，更突出了帝王至高無上的氣概。

（二）柱框與牆身

中國古代宮殿多爲木構建築，其施工順序是在基礎做成之後，碼放柱礎，立柱上梁，有斗栱的房屋是逐間順序，邊立柱邊裝額枋，并在額枋上裝暗梢鋪平板枋、安斗栱與大梁，大梁之上逐層逐間安瓜柱與梁枋、桁條，形成骨架，隨即釘椽子與望板，苫背、瓷瓦。瓦頂完成後再砌牆，安裝修，漫地面。因此中國古代建築有兩個特點：一是施工時先做屋頂後砌牆，從上往下交活；二是牆倒屋不塌。這兩個説法都是符合實際的，都説明了木構架的特點。

圖一九　紫禁城奉天殿（太和殿）三臺

中國古代建築的結構方式多是以木構架承重，把木構架比作動物骨骼，因此把木構架俗稱爲骨架，或木骨，而牆壁裝修衹是起防風寒、隔內外的防護作用，猶如附在骨上的皮肉。由于這個特點，古代建築的施工順序與近代建築中的磚木結構不同，不是先砌牆再上梁，而是在立架之後從上往下做，先做屋頂後做牆身。這與現代的框架結構原理是完全一致的。一般無斗栱的平房在構架中可分兩大部分，一是豎向構件的柱框層，二是房屋上部的屋蓋層。有斗栱的殿式單層房屋則爲三個結構層組合而成的，其屋蓋層的荷載并不是直接由大梁落到柱子上，而是通過像現在載重汽車或火車的鋼板彈簧弓一樣的過渡構件——斗栱，然後再傳到柱子上，柱頭科和角科所承受的荷載，均集中到座斗傳下來，平身科所承受的荷載落在平板枋與大額枋上，也傳到柱頭的卯口上，因此，殿式大木的結構可分爲三部分，下層是柱框層，中間是起過渡作用的鋪作（斗栱層），上面是屋頂構架的屋蓋層。如果是樓閣建築，則中間再加一層柱框層與鋪作層，形成重疊架的木骨，這種構架早在商代就有『重屋』之稱了。

圖二〇　應縣木塔

斗栱的種類非常多，山西應縣遼代木塔九層，高六十七·三米，全塔所用斗栱六十餘種。太和殿的斗栱種類也很多，如溜金斗栱、轉角斗栱、柱頭斗栱、平身科斗栱、品字科斗栱等等。由于各時代斗栱的形式不同，因此也産生了不同的藝術效果（圖二〇）。

商以前的柱子多將柱根埋入土中，柱洞下端放礎石。殷墟遺址中的臺基上面雖然有露出原地平的礎石，河姆渡發掘的柱子雖然已有管脚榫，但是商朝多數的房子仍將柱脚埋入地中，説明柱子立于臺基之上，柱脚出地平的做法并不是輕而易舉的事情，其關鍵在于構架的穩定與榫卯的嚴實。在早期木結構的節點設計中，由于采用綁架結合的方法，綁繩受氣候影響，很難嚴緊固定，柱子祇好埋入土中，較為穩定。自從大木采用榫卯結合的方法，并在實踐中運用力學原理，把柱

子微傾做出側脚，把闌額微翹做出生起，使屋頂的荷載通過側脚與生起所産生的向心的水平分力，把柱子與闌額的榫卯擠壓嚴實，增加了構架的穩定性。

兩個縱橫雙向的水平分力，都是向闌額的擠壓力，使柱枋節點的榫卯減少了脱榫之虞。合理的榫卯節點，把缺乏水平擠壓力的柱枋節點，通過側脚的形式，使其産生水平擠壓力。水平分力的方向對構架榫卯的影響很大，如果柱子有倒側脚，或其他向外的水平分力，則榫卯的作用便消失了。

古代建築中的柱枋生起的做法也是非常巧妙的，以山西南禪寺大殿的次間闌額爲例：由于角柱比平柱高，闌額成爲一端微高一端微低的斜桿件，雖然其坡度不大，却能使平行于闌額的推力的方向朝著建築中心綫擠壓，起到使榫卯嚴實的作用。

古建築木骨架的『側脚』與『生起』，在結構上具備了内力分布的科學性。在一千多年前的建築結構中運用水平分力的原理，把沉重屋頂的不利因素通過結構力學的運用，使其産生經久不變的内向擠壓力，是力學中的一大貢獻。南禪寺的闌額直入角柱卯中，經過千年而未散架就是這個道理。有『側脚』與『生起』的建築，倍感厚重、沉穩，在觀感上更具藝術性。

在木構架的古代建築中，由于柱子承受屋頂的全部荷載，所以屋身的牆壁與門窗可以靈活布置，在兩柱之間，或爲柱間的間隔物，因此一般的房屋在正立面的部位裝滿門窗，在兩側與背面則砌山牆與後檐牆。一般宮殿明間多用槅扇，每扇的邊挺與抹頭間釘著銅面葉，增加了金碧輝煌的氣氛。居住的房屋爲了挂簾子，在中間兩扇槅扇之外，另裝簾架，次間與梢間多做坎牆與坎窗。

（三）屋頂

我國古代建築的屋頂，從建築的功能要求、建築輪廓與造型藝術，都體現出了中國古代建築美的特徵。當宮殿建築尚處在茅茨土階的時代，就有了『四阿重屋』的建築形式。自西周發明瓦件之後，周王的宮室屋頂用瓦件代替了茅草頂，這是古代建築的一大進步。在《詩經》中曾有『如鳥斯革，如翼斯飛』的歌頌詩篇，這是從美學觀點把屋頂檐角的輪廓，比作鳥在空中展翅飛翔，說明屋角有輕快舒展之感。而屋頂曲綫美的形成，則來自于其建築功能。

屋頂的功能如《易經・繫辭》中記載：『上古穴居而野處，後世聖人易之以宮室，上棟下宇，以蔽風雨。』《墨子》還有『以待風霜雪雨露』的記載，這兩段記載，不僅闡述了屋

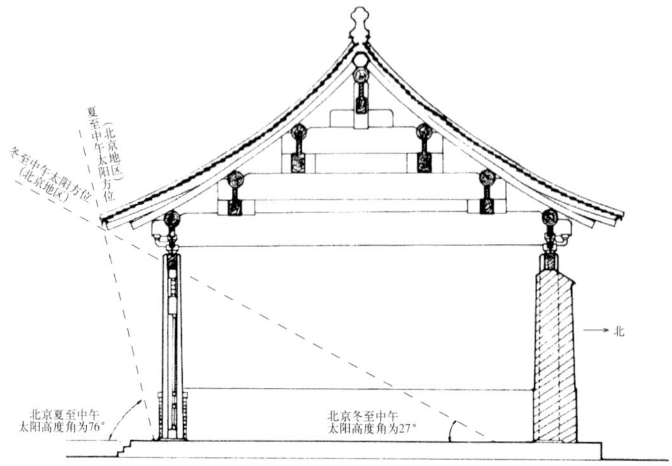

圖二一　屋檐尺度與納光、遮陽關係示意圖

頂具有最基本的遮蔽的功能，而且對人字頂中起脊的棟梁、出挑的檐宇，作出了肯定。

古代人字屋頂的坡度并不是簡單的用兩個斜平面組成的，而是由兩個圜和凹面組成，其上部巍然高聳，而檐部舒展平緩。正如《考工記》載：『輪人爲蓋……上欲尊而宇欲卑，上尊而宇卑，則吐水疾而溜遠』，説明屋頂的曲綫形式不僅是爲了形成如翼輕展的曲綫美，重要的是在功能上使屋頂排水快而遠。這是形成屋頂圓和曲綫的主要原因之一。

屋頂還具有納光與遮陽的功能。『上反宇以蓋載，激景而納光』（班固《西都賦》），説明了反宇的作用。通常人們在冬季需要的是陽光，而在夏季需要避開烈日的暴晒，那麽冬日納光夏日遮陽應該是供人們居住的房子具備的基本功能。納光和遮陽本是一個矛盾，就一座建築來講，解決這個矛盾，關鍵在解決屋檐的出挑。早在漢代就有反宇納光的記載，但是由于土坯牆需要屋檐遮雨，因此直至唐宋時期仍是斗栱雄大，出檐深遠。元代宫殿由于位于北方，冬季嚴寒，很需要日光入室，屋檐深度略減。明初肇建北京宫殿時，由于磚的大量生産，土坯牆改爲磚牆，因而無需考慮遮擋雨水淋牆的問題。根據冬夏季日影的角度（今稱太陽高度角）設計出檐的尺度（圖二一），所謂『檐步五舉，飛椽三五舉；柱高一丈，平出檐三尺，再加拽架』，反映的正是明代建築出檐與柱高的關係。或采用柱高的三分之一的慣用做法，把屋頂脊步做成42°的陡坡，而把飛檐做成19°的緩坡，形成圓和的曲綫，恰好使北房在冬至前後陽光滿室，夏至前後屋檐遮蔭，加之牆壁、屋頂的保温隔熱性能較好，故宫的房屋頗有冬暖夏凉之感。這是兩千年前我國建築中把屋頂坡度做成既有實用功能又有藝術效果的成功經驗。這個經驗不僅用于古代宫殿的屋頂，而且很多住宅（即使是没有飛頭的房屋），也把屋頂做成曲綫，使檐步緩，脊部陡，形成中國古代建築的特點之一。

由于單層房屋的屋頂占據建築立面的很大面積（約二分之一），屋頂形式關係到整個建築的造型藝術，因而宫室寺廟建築對屋頂的形式非常講究，屋頂造型豐富多姿。從層次來分：有單檐、重檐與多檐之分；從類型來分有廡殿頂、歇山頂、攢尖頂、懸山頂、硬山頂以及十字脊、盝頂等多種類型（圖二二）。

中國古代建築，每座殿宇屋面的裝飾，無論是屋頂樣式或琉璃構件的選擇，都是從整體效果去考慮安排的。以北京故宫前朝的三大殿爲例，太和殿是重檐廡殿頂，保和殿是重檐歇山頂，兩殿之間布置一座略小的四角攢尖式的中和殿，三殿屋頂參差變化。四周配房門廡各殿屋頂式樣又與三大殿主體相配合。正門——太和門是重檐歇山頂屋面，太和殿前左右對稱的東配樓體仁閣、西配樓弘義閣的屋面同是單檐廡殿頂，兩閣之南還有東西相映的單檐歇山頂的屋面，形成以太和殿爲主體的廣大庭院。其後又有以保和殿爲主的第二進院，兩廡是連檐通脊硬山頂的屋面。三大殿的四隅各有重檐歇山頂方形的崇樓。這樣的屋面裝飾變化，不

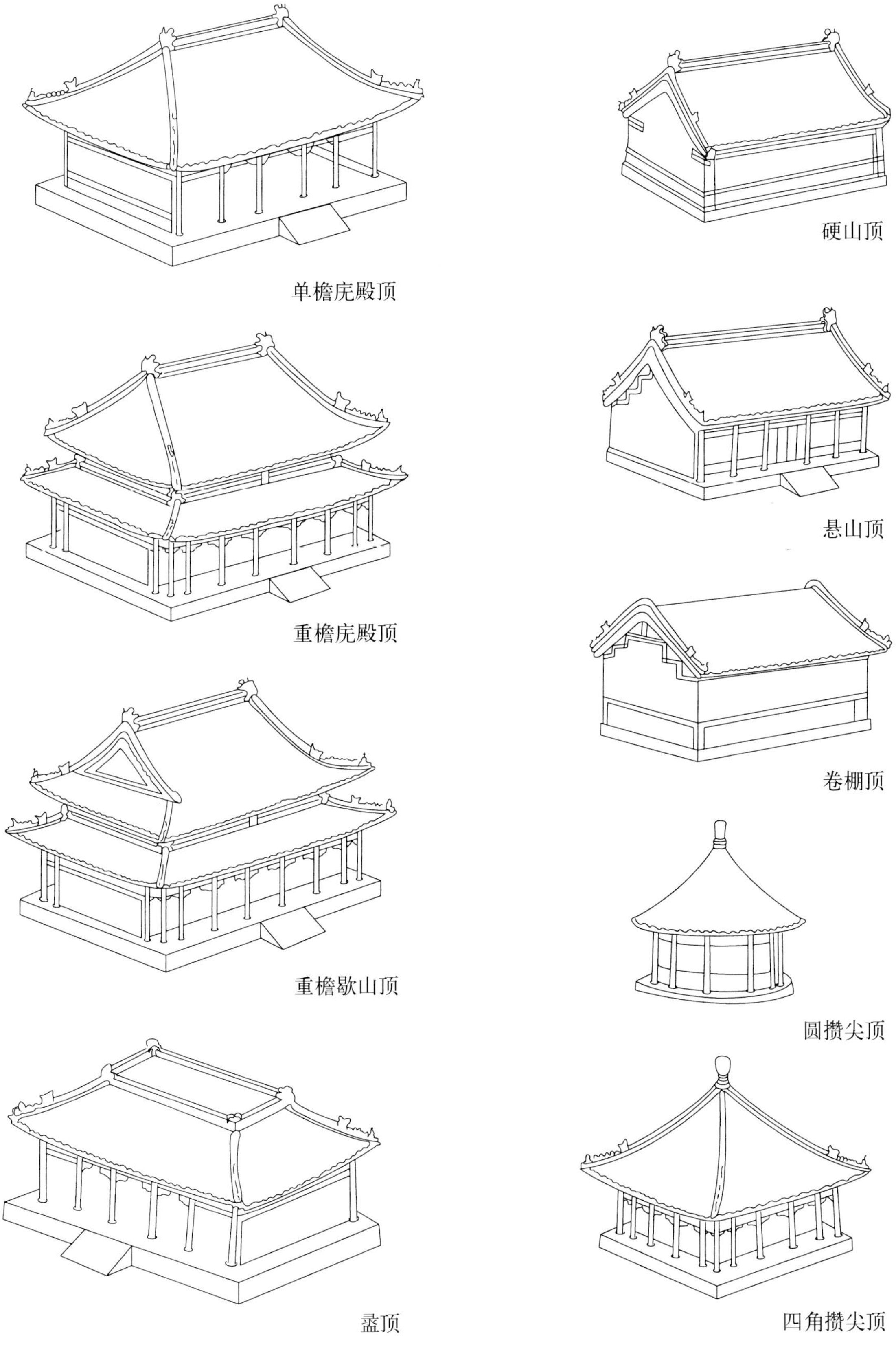

圖二二　屋頂形式示意圖

僅區別主次，而且在統一中又有多變的藝術風格，使整個宮殿在嚴謹中又有生動的氣氛。

在屋頂類型中，等級最高的是廡殿頂，其特點是把屋頂做成向四面流水的四大坡，所以在商朝把四面斜坡形象的屋頂命名爲四阿頂，又由于屋頂的雨水從四面流下，所以在宋朝也曾以屋頂的排水方向把它稱爲四注頂。這種類型屋頂產生的年代很早，新石器時代的仰韶文化時期就有這種屋頂的雛形。如陝西寶雞金河南岸遺址中，其室內中央附近有兩個柱洞，如果把它的屋頂復原，則爲四阿頂的雛形，不過室内中間有兩根柱子支撑斜梁，代替了太平梁、雷公柱與順扒梁等複雜構件。由于四阿頂没有山尖，可以減少雨潲山牆對土坯的危害，因此江南農村草屋多做四阿頂，使四周出檐大而低，以防土坯牆被淋壞。西周宮殿的屋頂以瓦件代替茅草，但仍多用四阿頂，直到戰國時期銅器上表現的房屋，也都是四阿頂。

四阿頂類型的屋頂多用在莊嚴尊貴的大殿上。明清故宮裏皇帝坐朝的太和殿及殿前兩閣，內廷的乾清、坤寧兩宮，供太上皇居住的宮殿皇極殿，以及城樓、太廟等少數殿閣纔能使用，頗爲莊嚴肅穆。

廡殿頂的廡字是清雍正年間確定的。早在北宋的《營造法式》中曾把四阿頂注釋爲『俗稱吳殿』，又把歇山頂稱爲九脊殿，亦稱曹殿。從吳殿與曹殿的命名可以看出寺殿建築與繪畫藝術的關係是很密切的。吳是唐代大畫家吳道子的姓氏，曹是北齊大畫家曹仲達的姓氏，由于他二人的卓越藝術，在繪畫史中流傳著『曹衣出水，吳帶當風』的贊語；他們所畫的宮殿寺廟有兩種最美的殿閣形式，一是吳道子畫的五脊殿，一是曹仲達畫的九脊殿，所以宋代把這兩種殿稱爲吳殿與曹殿。

曹殿又稱爲漢殿，因爲它是漢朝宮殿中喜用的形式，它的雛形是在懸山頂的檐下加一段披檐（一坡頂的小厦雨搭），由于披檐加長成爲四周交圈，并與前後坡的屋頂銜接起來，而山花坐在兩厦的屋頂上，所以後來稱爲歇山頂。從屋頂形式來看，它的上半部很似懸山頂，有一條正脊與兩山的四條垂脊，下部周圍檐角的形式又與廡殿頂相同，也有角梁與如翼斯飛的翼角，四角各有一條戧脊，從構造形式來看，它是懸山與廡殿相結合的產物。在元代以前的山花板并不靠近博縫板，歇山的山花是靠近梁架，兩厦瓦頂伸入到懸山的兩際之下，在屋面與山花的接縫處僅扣一行筒瓦，當時并没有博脊，因此這種類型的屋頂上有九條脊（一條正脊，四條垂脊，四條戧脊），在宋代把這種屋頂稱為九脊殿。明清時的山花板向外移至與博縫板靠緊，山花板與兩厦瓦頂接縫處易透雨水，因此逐漸增大了兩條壓縫的脊飾，形成了『博脊』，這時的九脊殿的屋頂上實際上出現了十一條脊，但習慣上仍按古代的命名稱爲九脊殿。直到明代出現紫禁城角樓，仍是沿用這個習慣而將其稱爲七十二條脊（我們所看到的角樓屋脊實際爲八十二條脊，因上頂有四條博脊，中層有六

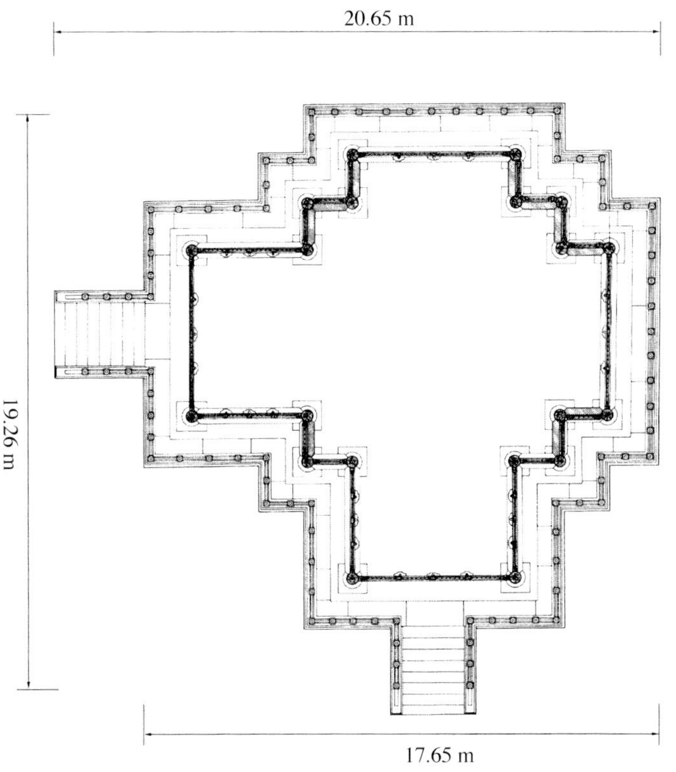

圖一三　紫禁城角樓平面圖

條博脊没有計算在内）。

歇山頂的造型玲瓏富麗，多用于較莊嚴的殿閣或園苑之中，不過園苑的歇山頂多不用正脊，而用捲棚式羅鍋脊，其做法是把三架梁改爲月梁，脊檁改爲雙檁，兩脊檁上使用羅鍋椽子，脊部底瓦用折腰板瓦，脊部筒瓦用羅鍋瓦，使屋面與脊部更加圓和輕快。故宫花園的許多房屋就是捲棚式的黄瓦緑剪邊與緑瓦黄剪邊互相交錯的歇山頂，更顯得别致秀麗。

繪畫中的黄鶴樓圖，中央主體建築的屋頂也是十字脊歇山頂，周圍有比較矮的重檐與單檐歇山式的抱厦擁簇，珠聯璧合，組成整體，造型玲瓏秀麗。紫禁城角樓的屋頂即是采用這種手法，主體屋頂用縱横搭交的兩個歇山頂，做出四面顯山，突起于中央。四面用重檐歇山頂的抱厦勾連，形成八道天溝，十二個出角的曲折屋檐，把四面抱厦環繞爲一整體，加强勾連搭的整體性。由于角樓有『轉角樓』的意境，因此在面向城外的兩面做成小抱厦，衹有半個歇山頂，山花向外，面向城樓的兩面（即沿城牆的兩面）做成大抱厦，即在城牆45°綫上看來仍爲對稱的布局（圖一三）。這樣布置，既符合曲尺形的城隅角樓的基本情調，又有臨水樓榭富麗多姿之美，頗有變幻奇异、莫測高深的仙宫樓閣之意境。

宫殿建築多以廡殿頂、歇山頂爲主，其中重檐廡殿頂的等級最高，如太和殿、乾清宫等。歇山頂略低于廡殿頂，在紫禁城建築中使用得最多。屋頂形式最豐富的是宫廷花園中的建築。

（四）三部分的關係

臺基是一座房屋的基礎，需要堅實穩固，在立面上所展現的都是平直的綫條，所謂四平八穩，無一點浮躁輕飄之感。即使是北京故宫前三殿的三臺，各層自下而上的逐層縮進，既無呆板之感，也達到了在穩中求變的藝術效果。

柱框部分要支撑沉重的屋頂，爲豎向的綫條，所謂立木頂千金，屋頂的荷載通過豎立的柱子傳送到平穩的臺基上。柱框與屋頂之間以雀替、斗栱所産生的曲綫和椽頭形成的圓點過渡，出現了三層連綿不斷的圓和曲綫，特别是太和門外連檐通脊的東西廡房，無論遠觀近看，其雀替所形成的曲綫美，更是一般建築所不能比擬的（圖一四）。

屋頂多爲曲綫，使厚重的屋頂顯得輕盈、舒展。

平穩的基座、直立的柱框和如翼斯飛的屋頂，構成了中國古代宮殿建築之美。

圖一四　太和門外西廡

四　陰陽五行學説在紫禁城宮殿中的體現

中國古代的陰陽五行學説産生很早，著名的醫學典籍《黄帝内經》中稱『陰陽者，天地之道也』，認爲一切事物都應分析爲互相對立、互相依存的陰陽兩面。譬如：方位中的上與下、前與後，數目中的奇數與偶數、正數與負數等，均由兩種屬性所組成。它把上方、前方、奇數、正數歸納爲『陽』，下方、後方、偶數、負數歸納爲『陰』，認為在複雜的萬物中，每樣事物都蘊涵著陰與陽的對立統一，所以《黄帝内經》中把陰陽二字看成是『萬物之綱紀也』。

陰陽五行學説在中國古代人們的生活中曾經廣泛運用，建築也不例外。對建築的影響，主要體現在方位的選定和環境的處理上，其運用手法更爲含蓄、隱秘，但寓意深刻、内涵豐富。

（一）陰陽學説在紫禁城宮殿中的體現

在紫禁城的外朝和内廷兩大部分中，外朝屬陽，内廷則爲陰。因此外朝的主殿布局采用奇數，稱爲五門、三朝之制。而内廷宮殿多用偶數，如兩宫六寢，兩宮即乾、坤兩宮(交泰殿係後來增建的)，六寢即東西六宮，都用偶數，就是這個原因。

陰陽學説中還有『陽中之陽』，與『陰中之陽』之説。太和殿爲『陽中之陽』，乾清宮則為『陰中之陽』，因而這兩座大殿既有相同之然，又有相异之處。屋頂均用重檐廡殿式，殿前均設御路，丹墀上均陳設日晷、嘉量等，這是『陽中之陽』與『陰中之陽』的共同點。但是外朝與内廷又有所區別，如乾清宮前半部的基臺用須彌座和白石鈎欄，而北部則爲青磚臺基，上面不用鈎欄而用低一等級的琉璃燈籠磚。這與外朝白石三臺迥然不同。這就是『陽中之陽』和『陰中之陽』的區別。

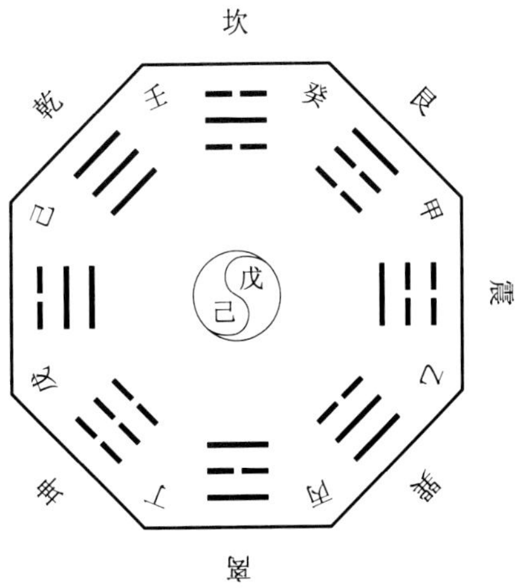

圖二五　八卦示意圖

圖二六　八卦示意表

顺序号	名称	简捷画法	表示自然物	表示方位
1	乾	☰ 乾三联	天	西北
2	坎	☵ 坎中满	水	正北
3	艮	☶ 艮覆碗	山	东北
4	震	☳ 震仰盂	雷	正东
5	巽	☴ 巽下断	风	东南
6	离	☲ 离中虚	火	正南
7	坤	☷ 坤六段	地	西南
8	兑	☱ 兑上缺	沼泽	正西

（二）五行之說在紫禁城宮殿設計中的體現

『五行』二字在《尚書．甘誓》篇已有記載。《周書．洪範》篇中更具體地說明了五行的性質，并列出其次序——水、火、木、金、土。『五行』是人們在生活實踐中把最常接觸的物質分析歸納爲五大類，如方向中有東、南、西、北、中五方；色彩中有青、黃、赤、白、黑五色；音階中有五音，人體中有五臟，以及其他五味、五谷、五金、五氣等。現將五行和建築有關的主要事物列表于下：

五行類別＼具體事物	木	火	土	金	水
方位	東	南	中	西	北
五氣	風	暑	濕	燥	寒
生化過程藏	生	大	化	收	藏
五志	怒	喜	思	愛	恐
五音	角	徵	宮	商	羽
五色	青	赤	黃	白	黑

陰陽五行學說如用符號來表示：『—』代表陽；把一折爲二，即『- -』，代表陰，用這兩種綫段排列三行，可以組合爲八種形式，用以表示八種方位（圖二五），同時還可以表示自然中的天、地、水、火、山、澤、風、雷八種現象（圖二六）。以八個符號爲基數，還可以排列出八八六十四種組合，因此把這個記錄符號稱爲『八卦』。八卦的八個方位（乾、坎、艮、震、巽、離、坤、兌）比五行的四個方位（木、火、金、水）增加了四個斜角方位，即所謂四正四隅，合爲八方。風和水本來是建築設計中所要考慮的課題，從日照、風向安排建築朝向，儘量做到冬季背風向陽，夏季迎風納涼，纔是好的方位。所以在相地時多選擇背山面水的環境。

在環境的處理上，紫禁城的形勝也是如此。從宏觀規劃來說，北京北依太行（燕山），東臨滄海（渤海），北高南低，對日照與排水都極有利。以紫禁城自身而言，所處的位置原來衹是平地，北部地平較南部僅高一米多，爲了使宮殿有一個背山面水的形勝，明代始建時將開挖護城河的土移至紫禁城北堆築成萬歲山（景山），引護城河的水從宮城前流過，形成了紫禁城前有河，後有山，背山面水的理想環境。

景山位于北京城的中軸綫上，明初稱萬歲山，俗稱煤山。山圍長二華里，山上五峰，主

圖二七　景山

峰高四十三米，左右各兩峰漸次降低，形成了紫禁城後的一道屏障。清代順治年間改稱景山。乾隆年在五峰之上各建一亭，中亭曰萬春，平面正方形，三層檐，四角攢尖頂，上覆黄琉璃瓦翡翠綠剪邊；左右爲觀妙亭、輯芳亭，平面八角形，重檐八角攢尖頂，上覆翡翠綠琉璃瓦黄剪邊；次左右爲周賞亭、富覽亭，平面圓形，重檐攢尖頂，上覆藍琉璃瓦紫剪邊。五亭平面從方形——八角形——圓形，屋頂從四角攢尖——八角攢尖——圓形攢尖，在對稱之中尋變化，在變化之中求統一，以及各色琉璃瓦的裝飾，呈現出乾隆盛世之建築的豪華和皇家建築特有的氣勢，使綠樹成蔭的山屏倍添端莊秀美之感。無論你從紫禁城的哪個角度看去，都似身處天然佳境之中（圖二七）。

中國古代風水講究水來自乾方，出自巽方，紫禁城里的内河自西北（乾方）引入，其出口在紫禁城的東南，屬于八卦中的巽方，符合古代建築中重視水的來龍去脉的環境設計思想。這條河的命名也與五行相聯係，五行方位以西爲金，北爲水，故稱金水河。金水河流經大半個紫禁城，全長二千餘米，既美化了宫前環境，又利于排泄雨水。

河水從紫禁城北牆西側下的涵洞流入，沿内廷宫牆外的西側向南緩慢流過。河道蜿蜒曲折，條石壘砌，河牆青磚砌築，實用且質樸。河上原建有木橋十餘座，可供人們往來。河的西岸曾建有連房百餘間，是各宫的膳房、庫房和值侍人員的住所。河道自武英殿西側轉向東行，至太和門前，進入了外朝的太和門的前方，兩岸河牆改用白石欄板望柱，以壯觀瞻。流經太和門前的金水河，河道最寬，彎曲成弓形，與太和門前規矩方整的庭院形成了靜中有動的鮮明對比。金水河東出太和門院，河牆又恢復青磚砌築，經文華殿西側向北，東轉至前星門前，幾折向南流經東華門内鑾儀衛大庫，至紫禁城東南角，河道至出水口時變窄，收作瓶狀，水勢減弱，緩慢經城下涵洞流出，入護城河。《明宫史》載：『自玄武門（即清神武門）之西，自地溝入，……自巽方出，歸護城河，或顯或隱，總一脉也。』

金水河上曾建有石橋、木橋二十餘座，現僅存石橋。石橋當中規模最大、最爲壯觀的當數太和門前的金水橋；最爲華麗的是西華門内的斷虹橋；另有武英殿、前星門前的三座橋和協和門外的單臂橋，它們以所處環境的不同、用途的不同，而各自裝點出不同的特點，似飛虹、似玉帶，點綴在蜿蜒而流的金水河上。

帝王宫闕内建河的做法，自周代已有，是爲了宫廷用水的方便。明清時期宫中各項工程用水及養魚、種花、澆樹用水均取之于此，同時也是滅火的主要水源。

（三）方位、色彩和象徵意義上的處理

五色中青色即綠或藍色，爲木葉萌芽之色，象徵溫和之春，方位爲東。所以明初在建紫禁城時，將文華殿——太子講學之所安排在紫禁城的東部，建築的屋頂用綠色琉璃瓦，後因明嘉靖時用途改變，纔改用黃琉璃瓦。清代乾隆年間所建的南三所，係皇子居住的宮室，由于幼年屬于五行中的『木』，生化過程屬于『生』，方位在東方，南三所也建在了紫禁城的東側，屋頂也用綠色琉璃瓦裝飾。

皇太后、太妃的生化過程屬于『收』，從五行來説，屬于『金』，方位爲西，所以從漢代開始，太后居住的宮室多放在西側。歷代宮殿的建築均沿襲這個布局。紫禁城宮殿中供太后、太妃們居住的慈寧宮、壽安宮、壽康宮等，都布置在西部，也是依照這個理論營建的。

五行學説中的五色、五志與紫禁城中的建築色彩也有聯係。在五行學説中赤色象徵喜，所以紫禁城的宮牆、檐牆都用紅色，宮殿的門、窗、柱、框也一律用紅色，而且是銀硃紅色。坤寧宮的室内紅色更爲鮮明，硃紅壁板上的『囍』字用瀝粉貼金，體現出大婚洞房的喜慶氣氛。紫禁城南門——午門，不僅城臺外牆、柱框門窗爲紅色，其彩畫也與衆不同。一般的彩畫，與下架油飾的赤紅暖色對比在檐下多用青綠的冷色，而午門位于紫禁城的正南方，在五行方位上屬于火，所以午門用以赤色爲主的『吉祥草三寶珠』彩畫。可見紫禁城建築色彩的運用受五行學説的影響之深。

正北方向，五行中屬水，北主水，供奉玄天大帝的欽安殿建在故宮的最北部。欽安殿後面正中的欄板雕飾爲波濤水紋，不同于其他部位的穿花跑龍。

五行中的黃色處于中央戊己土的部位，而五行中的土爲萬物之本，中爲土，三大殿位居紫禁城的中心，臺基即爲土字形；中心要求地勢高不存水，擇高而納陽，因此建高八米的三臺。紫禁城是帝王居住的宮殿，位于中心位置，中爲黃色，建築的屋頂絶大多數都是黃色的琉璃瓦。金黃顏色象徵富貴，所以帝后的服飾也多用金黃色。

五、故宮古建築中真善美的體現

故宮建築美的魅力，從美學原理上分析，主要有兩條：一是故宮建築在設計上充分運用了形式美法則，在有規律的空間組合中，繼承與發展了歷代宮殿建築的規模、布局、形制、

輪廓、綫條、色彩以及權衡比例等諸方面的經驗，直接予人以美感。二是故宮建築中蘊涵的內在美的規律與功利之間的相互關係，即形式美所體現的內容。前者，是有關形式美的法則。後者，屬于美的特殊本質——理性概念，是蘊涵于事物之中，難以一眼看穿的。歷史上探索美的本質時，有的人顛倒物質與意識的關係，也有的人如康德把真善美之間的關係割裂，認爲它們之間是絶對對立的（康德《判斷力批判》），即不可融合的。從故宮建築美中我們領會到，中國優秀古建築中所蘊涵的真善美，并不是絶對對立的，而是融合統一的。

（一）美與善的融合中善是美的基礎

我國文字記載中，美有許多含義。《説文解字》：『美，甘也。從羊從大，羊在六畜主給膳也。美與善同意』，説明美有美食的含義。《管子·宙合解》：『言察美惡，別良苦，不可以不審』，説明美有善的含義。《莊子·齊物論》『毛嬙、麗姬，人之所美也』，説明美有贊美之義。從美的含義看來，它包括人對味覺、聽覺、視覺的感觸。由于包括範圍很廣，探索其共性是一件非常不易之事，尤其在新生事物中，多是先從實用功能出發，然後再考慮美。所以早期的論美文獻，有善美不分的論斷，有的論述雖然美善分開，但祇局限于善是美的前提。

（1）我國古代文獻中對美與善的論述

我國古代文獻中很早就出現了對美與善的論述。最初的論美文獻是對宮殿建築的評論。早在春秋時代，楚靈王營建了一座壯麗豪華的章華臺，建成後，楚靈王問伍舉：『臺美乎？』伍舉回答説：『夫美也者，上下、外內、大小、遠近皆無害焉，故曰美。若目觀則美，縮于財用則匱，是聚民利以自封而瘠民也，胡爲美之。』（《國語·楚語上·伍舉論美》）。從伍舉的言論中可以看出，他認爲美與善是分不開的。

孔子認爲，《韶》樂是『盡美矣，又盡善也』，謂《武》樂是『盡美矣，未盡善也』（《論語·八佾》卷三）。孔子對美與善是分開論述的，但結論是以善爲基礎，所謂『先王之道，斯爲美』。

墨子對美與善的看法更明確，他在《非樂》篇中指出：『非以大鐘、鳴鼓、琴瑟、竽笙之聲，以爲不樂也；非以刻鏤華文章之色，以爲不美也』，説明美是客觀存在的。但對美的追求必須以不影響『萬民之利』爲最高準則，所以他提出『故食必常飽，然後求美；衣必常

圖二八　河南新鄭裴李崗出土新石器時期紅陶雙耳三足壺

圖二九　浙江餘姚河姆渡遺址出土的刻劃紋陶盆

暖，然後求麗；居必常安，然後求樂』（楊辛、甘霖《美學原理》），說明墨子既希望人們得到美的享受，又首先要考慮可行性，衹有從萬民之利出發，纔能妥善處理美與善的關係。

孟子在評論人品時把善、信與美結合爲一體，認爲衹有充滿善和信的行爲纔是美（《孟子・盡心章句下》卷一四），說明二千年前的孟子已從美的本質分析問題，開真善美統一的先河。

我們還可從器物及建築的形成與發展，分析美與善的關係。人類從漁獵、采集的原始生活進入以農耕爲主的定居生活後，陶器即隨之出現。河南新鄭裴李崗和河北武安磁山出土的新石器時代早期以手工製成的圜底鉢、三足鉢、小口雙耳壺、深腹罐和陶盂等，多爲素面，以解決日常生活的需要（圖二八）。看來，陶器產生的初期也是爲了實用，但接著就要求美觀。在同一文化層中也有小量陶器飾以簡單樸素的蓖紋、刻劃紋（圖二九）、乳丁紋（圖三〇），可以看出當時人們對美的認識與要求。

建築中對真善美的全面要求較晚，其原因在于房屋體形大，數量多，受自然損傷劇，因而首先注重對功能方面的要求。《易經・繫辭》中：『上古穴居而野處，後世聖人易之以宮室，上棟下宇，蓋取諸大壯。』這段話的意思是强調結構作用，因爲當時對結構還無經驗。據考古發掘的柱洞情況，西安半坡大房屋中心用四根直徑爲四十五厘米的巨材，堪稱最堅固的結構，但每根大柱外側仍附兩根小柱。看來上部屋架還不具備整體性，加之周圍密列小柱，柱脚埋入土中，既難耐久，又經不起側向推力，因此爲了結構安全而强調『大壯』的作用，以解決當時房屋建築中的主要矛盾。

墨子從關心人們生活的角度提出：『古之民未知爲宮室時，就陵阜而居，穴而處，下潤濕傷民，故聖王作爲宮室。爲宮室之法曰：室高足以闢潤濕，邊足以圉風寒，上足以待雪霜雨露，宮牆之高足以別男女之禮。謹此則止，凡費財勞力，不加利者不爲也。……是故聖王作爲宮室，便于生，不以爲觀樂也』（《墨子》）。這是墨子針對當時居住情況而言，即未解決建築中『善』的問題之前，不考慮美，也就是說首先考慮的應該是滿足使用者生活的需要，這與墨子所提倡的『食必常飽，然後求美』是一致的。

我國幅員遼闊，南北氣候懸殊。當北方爲穴居以避風寒雨雪的時候，南方則如韓非子《五蠹篇》中所寫的：『上古之世，人民少而禽獸衆，人民不勝禽獸虫蛇，有聖人作構木爲巢，以避群害，而民悅之，使王天下，號曰有巢氏。』從這段話中可看出，早期的建築功能就是爲了安全地居住，能夠『以避群害，而民悅之』則爲善。經過認識客觀規律，造成木構架，成爲干闌式建築時，則爲真善美的統一。據考古發掘得知：浙江餘姚河姆渡遺址中已有距今六七千年的大木構件，有的還鑿有榫卯。

圖三〇　山東濰坊市出土乳釘紋白陶鬹

遼寧省牛河梁出土積石冢，因係禮制建築，講究善與美，用石塊圍成一層與三層壇臺，有方形與圓形之分，其輪廓和形式的權衡比例體現了善與美的結合，說明在五千年前已有善與美統一的思想。

（2）古建築中『善』的含意

一座建築首先要滿足實用要求。紫禁城中既有皇帝大朝時所臨的三朝，用以舉行不同類型的朝會，又要把大朝營造出至高無上的氣氛；在內廷中既要有帝、后的宮室，又要有太后、嬪妃及太子、皇子的居室，此外還有更多的宮女、太監的住所與膳房、庫房、值侍辦事的建築等。紫禁城猶如一座小城市，井然有序，各得其所，盡善盡美。

古代建築中的善還包括禮制要求。這是我國古代建築形制的特殊因素，因爲儒家學說是以禮爲中心的。在古代建築中，禮制已成爲不可逾越的準繩。

紫禁城內雖然都屬于皇宮建築，但根據具體使用情況也有尊卑之分，因而建築形制中也必然有等級差別，不得僭越。這個制度似乎對建築設計帶來局限，處理不好會造成善與美的矛盾。善和美的統一將建築等級的差別化爲形式美中的多樣性，反而更加襯托出主體建築，取得主題突出的效果。

我國古代建築受到另一個特殊因素即陰陽五行說的影響。陰陽五行本是人們對客觀規律的認識問題，不屬于禮的範疇。但由于古代人們對陰陽五行重視，看作位居『天地之道』，因而儒家把它列入禮制中。古代建築中對陰陽五行是十分重視的，如果違背了陰陽五行說則爲不善，人們是不願居住的。孔子曰：『動之不以禮未善也』（《論語．衛靈公》）。因此我國古代建築，無論從吉祥角度看，或是從禮的角度看，陰陽五行是很重要的因素之一。古建築中的『善』，除功利要求外又增加了禮和陰陽五行兩種因素，這在世界美術史中更有其特殊價值。

（二）真與美的融合是建築藝術發展的前提

上古時人們穴居而野處，後世易之以宮室，上棟下宇，以避風雨。房屋建到地面上以後，面臨著兩種考驗，一是要承受自身荷載，同時還要經受自然界的考驗。地面上的建築受到風力的襲擊，是很容易倒塌的。于是，房屋在建造時就要用技術解決結構的穩定問題。要符合『自然之道』，即客觀規律。這裏的客觀規律稱之爲真。莊子很重視真，在《齊物論》

圖三一　中山王墓出土的几

圖三二　北京故宮協和門兩梁之間的駝峰

中指出：『無益損乎其真』。在建築結構中，不了解客觀規律的時候，不要隨便增減其真。由于水向低處流，房屋爲了防潮，所以每座房屋都有自身的臺基。中國古代幾千年來，建築的臺基、柱框與屋頂成爲不可缺少的三大組成部分，正符合莊子所說的不得損其真。因爲損其真，則違反自然規律，是要失敗的。但是莊子未能從社會發展的角度看問題。隨著人們認識的發展，發現了許多真理與改進方法，益其真是必要的。

故宮三大殿就是繼承了戰國時『美宮室高臺榭』的做法，但故宮的三臺不是像戰國時代用夯土壘築，而是繼承了三重高臺與排水獸頭的形式，使用白石包砌成三層須彌座與勾欄。這樣既具宏偉壯麗的威嚴氣魄，又不失其真地繼承了早期宮室建築中『惟我獨尊』的思想，頗具象徵意義，可謂妙得其真，增益其真。『真』是客觀規律，當然也包括物理法則。在柱框式建築中，爲了柱子的穩固，商代以前就把柱子下半部埋在土中。這樣雖然解决了穩定問題，但年久易糟朽，于是便將礎石放在臺基上，使柱子落在柱礩或直接落在柱礎上。但在風力較大的地方仍然容易倒塌，于是在柱子之間用枋栿縱横相連爲一體，形成整體的框架，穩立在臺基之上，以抵禦自然界的側向推力。由于這種做法能有效地抵抗自然侵襲，成爲古代建築工程的前提，因此在我國古代建築的發展中，形成了以木骨架爲主流的建築體系。

我國古代的木材十分豐富，在木結構技術不斷發展中，可以建造高層木塔。現存遼代的山西應縣佛宮寺木塔已近千年。木骨架還利于增添建築造型的美感并具有抗震作用，因而現代高層建築，也多采用框架結構，這與我國古代建築中重真的精神是一脉相承的。

我國古代建築中磚拱結構雖然早已出現，但多用在地下陵寢與橋梁、磚塔、寺廟建築中，明代地面上的磚拱結構——無梁殿，祇作防火建築與冰窖等用，因而木骨架建築一直是古代建築的主流。

古建築框架結構組合采用立柱承托縱横的梁枋的過程，也是對客觀事物不斷加深認識的過程。在認識到木材豎紋方向與横紋方向耐壓力不同時，爲解决木材横紋抗壓力較低的問題。在柱子上放置櫨斗，以增大梁桁的擠壓面積，從而減少其單位壓力。這種做法在戰國時銅鑒的畫像上已有圖樣，這也是櫨斗使用的最早實例。中山王墓出土的方几上有一斗三升斗栱（圖三一），已經具有一定的裝飾作用。隨後斗栱的做法更爲發展，其生命力已有二千餘年之久，成爲世界上中國系建築中特有的形製，事實上亦是中國古代建築藝術的真髓之所在。林徽音先生指出『屋頂的特殊輪廓爲中國建築外形上顯著的特徵，屋檐支出的深遠則又爲其特點之一。爲求這檐部的支出，用多層曲木承托，便在中國構架中發生了一個重要的斗栱部分；這斗栱本身的進展，且代表了中國各時代建築演變的大部分歷程。斗栱不惟是中國建築獨有的一個部分，而且在後來還成爲中國建築獨有的一種制度。……所以這用斗栱的構架，

圖三三　北京故宮宮殿額枋與柱頭交接處及雀替

圖三四　北京故宮建築上多弧狀的榫頭——霸王拳

實是中國建築真髓所在』（《清式營造則例·緒論》）。林徽音先生認爲的『真髓』與我們所説的真善美中的真是一致的。而美的産生是以人類在實踐中對真的認識和掌握爲前提的。

我國古代建築中，由于木構架爲主流，一方面把構架做得工整精緻，另一方面把不影響堅固的構件予以藝術加工：上下兩梁之間的駝峰，由于是以承壓爲主的構件，在『徹上明造』時均做成曲綫圓和并雕有花飾的構件，使人擡頭即能欣賞到屋架中真與美結合所産生的美（圖三二）。出廊建築的額枋與柱頭交接處的雀替，增强其節點的穩固性，把雀替做成許多半圓形的曲綫輪廓，中間施以捲草紋，給建築立面外觀增加美感（圖三三）。歷來被視爲極其特异、極其神秘的屋頂曲綫，是在做屋架時做出舉折而形成的藝術效果。它使瓦頂達到水流疾而遠，既有利于屋面排水，又有新穎出奇的屋頂曲綫。在宮殿的轉角處，爲了防止角柱外閃，須以螳螂頭式的榫卯卡牢柱頭。由于柱上出瘤不美觀，于是做成多弧狀的榫頭。因其有很强的穩固作用，所以稱爲霸王拳（圖三四）。宮殿建築中實蹋大門的門板很厚，是用多塊厚板釘在門穿帶和抹頭上。因鐵釘露頭不美觀，于是做成銅質鎏金的門釘。同時要體現皇家至高無上的地位，于是每扇門釘須用縱横均爲九的最大奇數，即九九八十一個門釘，以顯示金碧輝煌的豪華氣魄。

故宮的裝飾藝術，雖然極盡豪華富麗，但多屬有功能的裝飾，如瓦頂脊獸、釘帽和吻鎖，門扇的鎏金面葉、角葉以及三臺的吐水龍頭等，都是真與美結合的産物。

（二）真善美的統一是古代藝術的上乘境界

故宮建築之美與真善美統一的建築設計思想是分不開的，如果僅從美的角度出發，或單從實用角度出發，都難以達到盡善盡美的效果。外朝與内廷兩大部分的功能不同，如何達到美的和諧而又各具特色，設計者必須有充分周密的考慮。皇帝大朝時需以至高無上的雄偉建築烘托氣氛，帝后日常居住的宮殿則又有温和舒適要求。在這個主導思想下，爲了達到中心建築的突出，把三大殿建立在三臺之上。太和殿是三殿之首，殿前有寬闊的庭院，面積達三萬六千平方米，能容納十萬人集會，烘托出了皇帝大朝時至高無上的地位和莊嚴肅穆的氛圍。

太和殿面闊六〇·〇一米，進深三三·三三米，殿高三五·〇五米（包括了三臺高度八·一三米），是紫禁城内最高大的殿堂，符合《禮記》中：『禮有以多爲貴，有以太（大）爲貴，有以高爲貴，有以文爲貴』的説法。加上三臺呈『土』字形平面，象徵『中央土』（《禮記·月令》），四周石雕龍頭具有排水功能，使該建築成爲真善美統一的典型佳作。内

圖三五 順貞門

廷是生活用房，要求封閉、嚴謹、舒適，多建成體量不大的獨門獨院。東西六宮布置了十二座兩進院的宮室，并以縱横井然的街巷聯係交通，在布局上象徵天體的十二星辰，拱衛著中軸綫的乾清、坤寧兩宮。在安全方面除六宮各有各的宮牆外，還有高大的紅牆環繞各宮。紅牆周長雖達一・六公里，但祇開八個隨牆門及兩個經常關閉的鐵門。隨牆門的特點是不降低牆的高度，但不如殿宇式宮門氣派，爲了安全起見，美觀祇能服從安全。紫禁城中的隨牆門安全美觀，隨牆門做成琉璃門腿，腿下雕成須彌座，腿上貼琉璃柱子，塑造花飾彩色盒子與岔角，上承額枋、斗栱、桁檁與椽飛，頂上做成琉璃瓦頂，既鮮明奪目又與宮殿氣氛協調。尤其是中軸綫上的順貞門（圖三五）和寧壽宮的皇極門（圖三六），做成三間七樓牌樓式的琉璃貼面，富麗堂皇，而把牌樓柱子改爲垂蓮柱的形式，既避免了形式主義的生搬硬套，又使門罩呈現輕巧秀麗的美感。這個成功的設計説明美觀與實用遇到矛盾時，化矛盾爲和諧，可以創造出更好的藝術效果。

内廷的正門乾清門，面對外朝的保和殿，仍采用歇山頂殿宇式的宮門，宮門外又在廣場兩端再設一道門卡，也是單檐歇山頂殿宇式宮門，加之紅牆、黄瓦色彩的一致，做到了既有安全防護功能，又有和諧美觀的藝術效果，達到了真善美的統一。

故宮不僅建築形體體現出真善美的統一，就是内金水河也不例外。它既具排雨水、澆花木與消防、施工用水之功效，又有依據地勢高低而設計出來的符合自然規律的河道，從無泛濫之虞，而且在外朝太和門、武英門、前星門前做出逶迤的河道，建有虹橋，勾欄縱横交織，河水靜靜流淌，使故宮平添了幾許優美。

當然，在故宮建築中也有個别房屋很難做到真善美的統一。故宮建築形制要按使用人的地位而定，設計時應是努力彌補了這種缺陷。凡是等級低的房屋多設在宮牆以外，靠城根用灰瓦屋頂。門衛值班所住的房屋多在内廷沖要之地，用灰瓦恐不和諧，用黄琉璃瓦則又違背禮制。這個矛盾解决的方法是，在宮牆（紅牆）以外的值房用黑琉璃瓦頂，瓦頂上不用正吻而用望獸，屋脊端部不用仙人、龍、鳳、獅子而用灰瓦制的獅馬裝飾，這既適合皇帝門前的莊嚴氣氛，又是等級制度的不同體現（圖三七）。而宮牆以内的門衛值房由于靠近宮室建築，如果改變瓦頂的黄色，將與宮殿建築整體不諧調。于是宮牆以内的門衛值房多做成形體極小的、進深僅一米的半坡頂形式，仍然采用黄琉璃瓦。如此，建築群中既有明顯的等級差异，又不損傷整體的和諧。這些細微的處理手法，説明故宮建築設計中真善美達到了高度的統一。

圖三六　皇極門

圖三七　北京故宮内值房黑琉璃裝飾

六、建築的結構功能與建築藝術

在建築物中，建築的使用功能和結構功能始終是處在第一位的，功能就是真。在滿足了特定的功能需求下，藝術效果則是使用者的又一需要，這就是美。宮殿建築中一方面構架做得工整精緻，另一方面對不影響堅固的結構構件予以藝術加工，其藝術效果，更是無以倫比。宮殿建築所產生的美，是沒有脱離功能的美，這是故宮建築美的真諦所在。這些近乎完美的裝飾，正是真與美結合的產物。

（一）屋面裝飾

紫禁城内的宮殿樓閣、亭榭軒館，多爲琉璃瓦頂，除宮殿區大部分飾以黄色外，另有花園等處用各色琉璃裝飾。屋面之上裝有吻獸、吻鎖、帽釘，檐頭有勾頭、滴水，這些屋面的色彩和裝飾是根據建築物的使用功能、所處環境和等級差別來確定。不同的色彩和裝飾，是對建築外觀美的點綴。

大吻

大吻是安放在正脊兩端的琉璃構件。屋頂的前後坡交匯接縫處易進雨水，于是在接縫處壓脊，稱正脊，在正脊的兩端與戧脊相接處裝置有形似龍一樣的琉璃構件——大吻。大吻在宋代《營造法式》中又稱『鴟吻』。據《唐會要》中所記：『漢柏梁殿灾後，越巫言海中有魚，虬屋似鴟，激浪即降雨，遂作其像于屋上，以厭火祥。』清代稱之爲吻，也叫龍吻。漢代畫像磚上正脊的兩端已經微微向上翹起，有的屋脊之上可以看到形似鳳凰的圖案，體態輕盈而美麗，極富裝飾性（圖三八）。漢代以後逐步變化成魚尾形態，正脊兩端猶如翹起的魚尾，裝飾簡略，莊重，稱鴟尾，意在激浪化雨，保佑建築的安全。唐以後鴟尾裝飾發生了明顯的變化，魚尾變成了魚吻，回過頭來緊咬正吻不放，紋飾經過了魚形——魚龍形——龍形的變化過程，遂稱之爲龍吻。由于從魚吻到龍吻經過唐宋遼金元長期的變化過程，所以這一時期龍吻的造型多種多樣，紋飾複雜，更趨裝飾性。明以後，出現在宮殿建築上的吻均爲龍紋，龍吻口吞大脊，面視前方，形象雖凶猛，却生動；由于它象徵降雨滅火，因此又有把它當作龍生十二子之一的説法，并寄予美好的希望。

圖三八　漢代畫像磚上的屋面裝飾

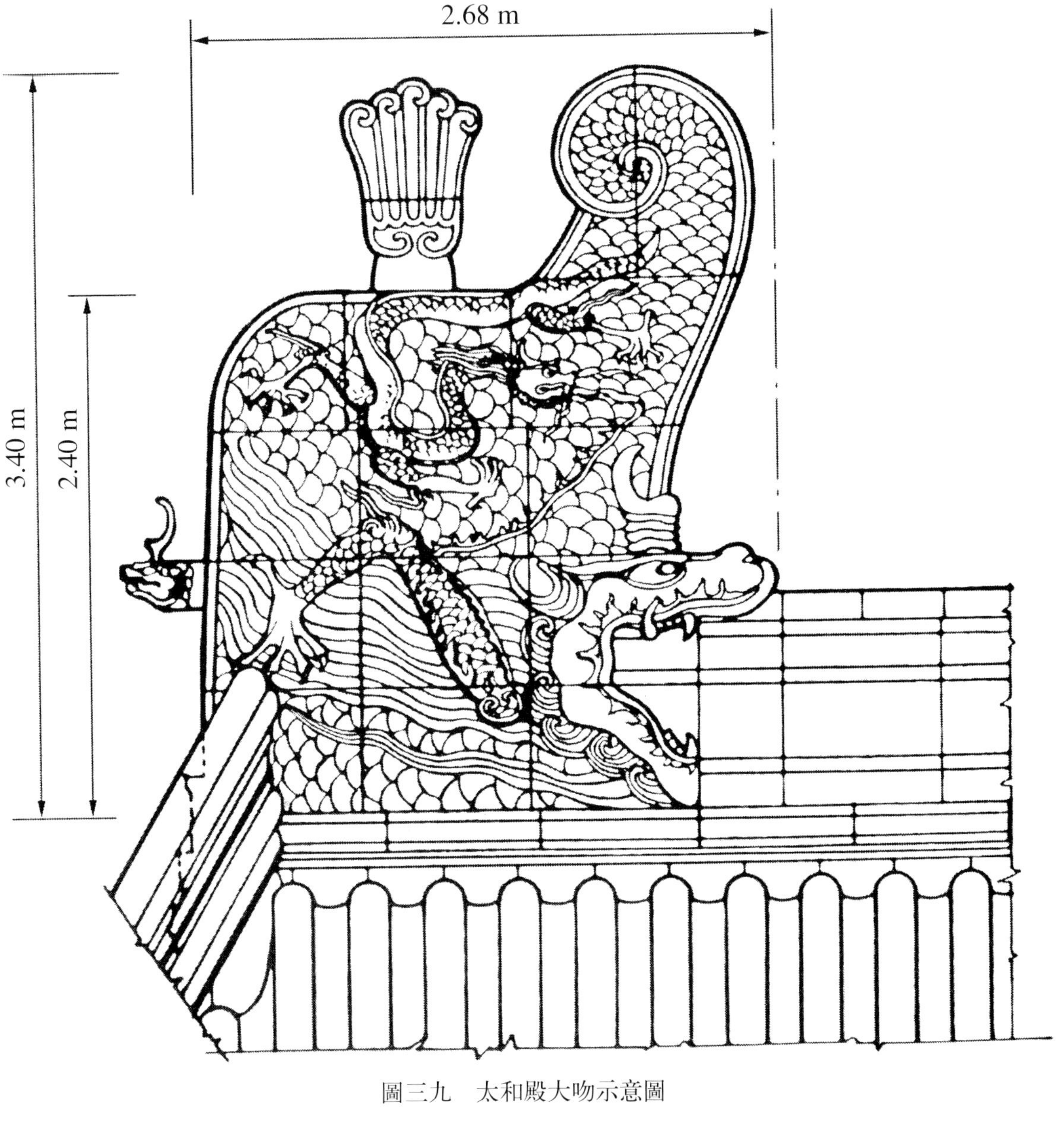

圖三九　太和殿大吻示意圖

圖四〇　太和殿脊獸

清代瓦的規格依清《工部工程做法》定爲十樣，建築中多用四樣、六樣，『二樣瓦』目前所見祇有太和殿大吻。大吻由于體積大，重量多在一噸以上，因此多爲拼接而成，分爲三、五、七、九、十一、十三拼。太和殿大吻爲十三拼，高三．四米，重達四．三噸（圖三九）。大吻張口吞脊，尾部上捲，背插留有劍把的寶劍。建築師們將這種傳説中動物形象加以美化裝飾，以寄托却除火災的希望。太和殿大吻是現存古建築中拼數最多、尺寸最高、體量最重的大吻。

脊獸

清琉璃瓦的規定，檐角走獸數最多爲九個，按照建築等級選取以三、五、七、九數排列。太和殿的檐角獸除九個走獸外，還破格增加了『行什』的脊飾（圖四〇）。該飾件略具猴的輪廓，但背上有雙翼，且手持金剛寶杵。寶杵歷來就有降魔的功效，《宋史》中『破陣刀、降魔』是等同排列的古兵器，寺院雕塑中亦有手執降魔的形象。『行什』位于屋頂上，身有雙翼，很似傳説中的雷公或雷震子，大概是可以消灾免禍，用于防雷的。由此，殿頂檐角小獸排列順序由前而後分别是龍、鳳、獅子、天馬、海馬、狻猊、押魚、獬豸、斗牛、行什。最前端還有一個騎鳳的仙人。

（一）霸王拳

宮殿建築的縱橫闌額在轉角處進入柱卯中，以榫卯卡牢柱頭。唐代用半榫，兩個縱橫雙向的水平分力，都是向闌額的擠壓力，使柱枋節點的榫卯減少脱榫之弊。南禪寺的闌額直入柱卯，毫無牽挂，祇靠柱子側脚的擠壓力。唐代以後加强了轉角構件的穩定性，闌額轉角榫做成螳螂頭式的，可以箍住柱頭，因稱爲箍頭榫。明清時期，又將箍頭榫頭略施加工，由此形成了美妙的藝術裝飾，因其形而稱之爲霸王拳，是以説明它有抵抗角柱走向的作用。

（二）雀替

雀替是古代建築中常用的一種構件，位于出廊建築的額枋與柱頭交接處，是柱内伸出承托上部的托木，可起到減小枋的淨跨度并加固構架的作用。

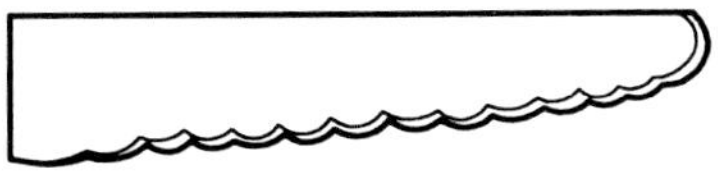

元　平安文廟大殿雀替

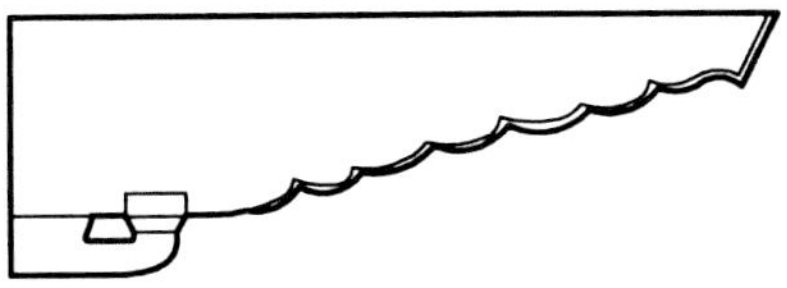

明初　北京長陵雀替

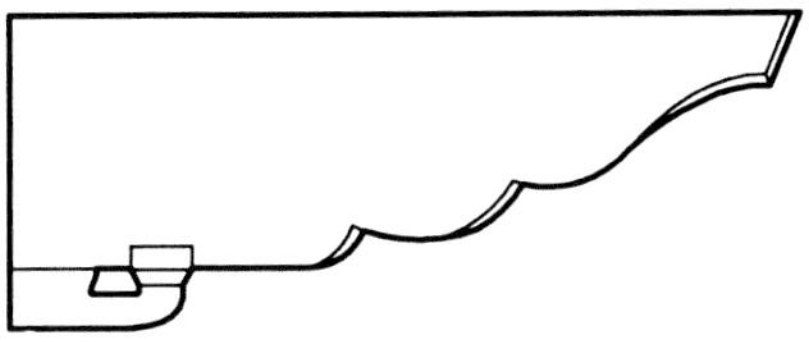

明中期　北京故宮澄瑞亭雀替

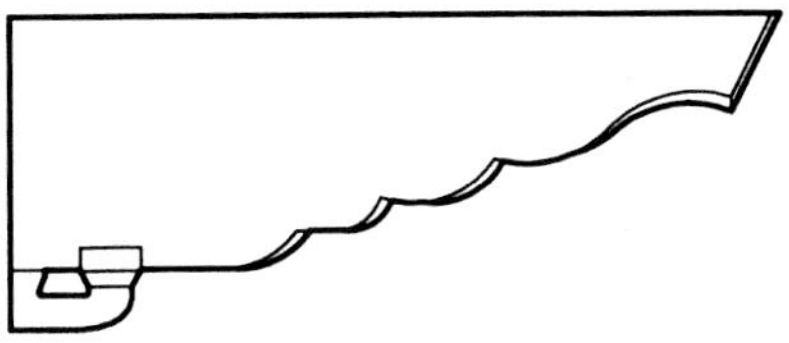

明中期　北京故宮保和殿雀替

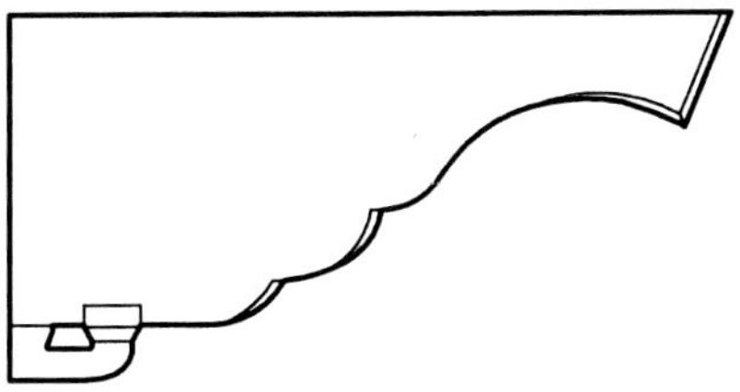

清康熙　北京故宮太和殿雀替

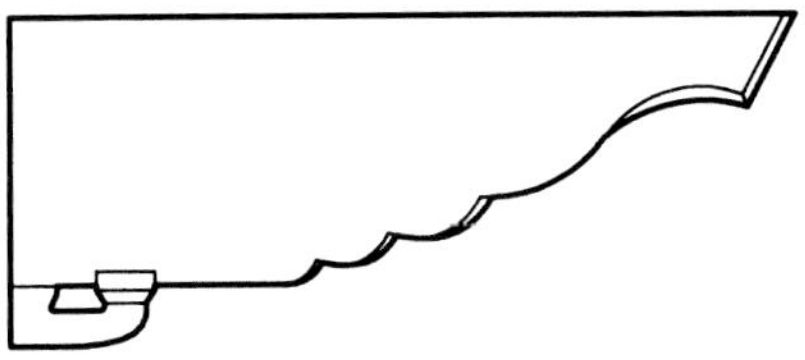

清雍正　北京故宮澄瑞亭抱廈雀替

圖四一　雀替比較圖

故宮澄瑞亭絲環板　明中期

故宮澄瑞亭抱廈絲環板　清早期

故宮四神祠絲環板　清中期

故宮養性齋絲環板　清中期

圖四二　絲環板比較圖

雀替自宋代開始出現時，僅見于室内，至元代已經有了今天雀替的雛形。元代雀替最大的特點，就是出現了托頭部分爲捲頭的形式。到了明代，前部托頭已經變成了螞蚱頭形，但蟬肚曲綫的變化還不太明顯。明中期，托頭下垂開始變長，至清中期前下垂部分約占雀替全長的三分之一强（圖四一），清定制雀替長度占間寬的五分之一。從比較中可以看出，各時代的雀替細部上的微妙變化，形成了時代的特點和差异。而自明代開始把雀替做成許多半圓形的曲綫輪廓，中間施以捲草紋，給建築立面外觀平添了幾分美感。

（四）絛環板

絛環板亦稱爲花板、華板。紫禁城建築中的絛環板多用于帶廊建築的檐部、樓閣式建築的擎檐部和亭子的檐部等處，具有很强的裝飾作用。

絛環板依不同的時代，細部的做法也不盡相同。以故宫明清兩代建築爲例：明代絛環板四角成窩角綫，上部兩角下垂到中間的綫比較直，絛環中間裝飾的捲草，從中間向兩側下角下垂收縮明顯；長寬的比例基本爲三比一，如澄瑞亭的方亭、延暉閣、弘義閣等。清代絛環板四角成海棠綫，上綫從兩角至中央曲綫圓和，絛環中間捲草較爲飽滿，長寬之比接近二比一，如御花園中乾隆年間改建的絳雪軒、養性齋、四神祠等（圖四二）。

乾隆時期，絛環板的捲草紋飾充滿空間，上下綫的變化也較爲隨意，四角基本上保留著海棠綫的做法。從中不難看出，明代至清代絛環板變化的過程。而乾隆年改建的寧壽宫，其外檐大小額枋之間的絛環板，長寬比約一比一，雲龍紋渾金裝飾，更是富麗堂皇，反映出乾隆時期建築藝術的獨特風格和審美意識。

（五）裝修

裝修分外檐裝修和内檐裝修。

外檐裝修是露在建築物外面的門窗部分，起分隔室内外以避風雨的作用。外檐裝修種類很多，視建築的等級和使用功能相應配置。最高等級的紋式，有三交六椀菱花格心、三交逑紋六椀菱花格心和雙交四椀菱花格心等。太和殿外檐的門窗均爲三交六椀菱花格心，門窗下部是渾金流雲團龍及翻草岔角裙板，銅鎏金看葉和角葉，華貴富麗，稱之爲金扉金鎖窗。

内廷后妃生活區和花園等處的外檐裝修，較外朝更趨于實用，大琉璃框的門窗，可開可

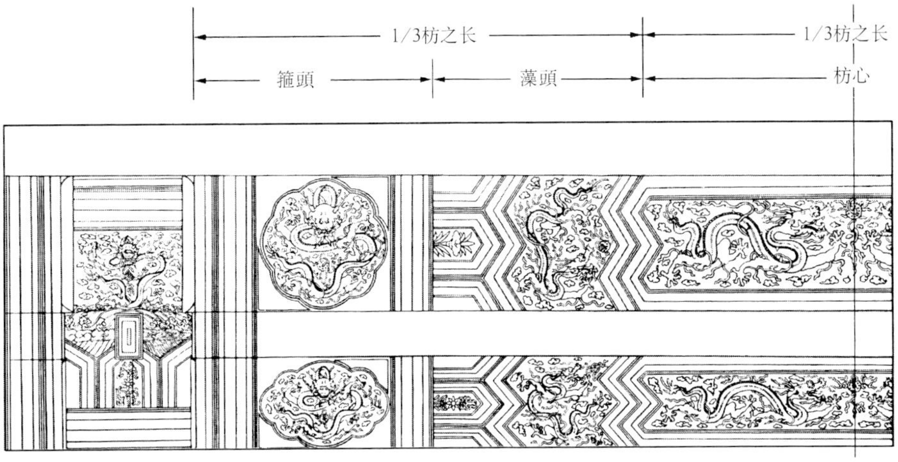

圖四三　和璽彩畫示意圖

關的支摘窗，使得室內采光效果大大加强。特別是窗飾的花紋，步步錦、燈籠框、冰裂紋、竹紋，富于裝飾藝術性，而錢紋、盤腸、卍字紋，回紋等，又將人們的美好企盼寓意其中。

內檐裝修是建築物內部劃分空間組合的裝置。宮殿建築的內檐裝修，選料考究，類型多樣，所用大都是紫檀、花梨、紅木等上等材料，且雕飾極爲精美。特別是內廷后妃寢宮的內檐裝修，爲了居住的方便，冬用槅扇，夏用花罩，隨季而換，隨用而添，且几腿罩、落地罩、花罩、欄杆罩等，應有盡有，在虛實相間之中，取得了似分似合的意趣。

雕刻考究，是宮殿建築內檐裝修的特點，雕刻中多層立體花樣，極爲精緻，槅扇門的格心以燈籠框爲最多，框心或安玻璃，或糊雙面紗，繪花卉、題字，簡潔素雅。乾隆時期建成的寧壽宮花園，室內的槅扇所飾之嵌玉、嵌螺甸、嵌景泰藍、竹拼等，種類多達幾十種，更是精美絕倫。

（六）琉璃裝飾

琉璃構件表面有一層琉璃釉料，不怕水浸，在宮殿建築中，使用最多的地方是屋頂。琉璃瓦頂，可使雨水暢流，無水浸之憂。

琉璃構件由于色彩鮮艷、堅固耐用，也是宮殿建築裝飾藝術的重要組成部分。除琉璃瓦頂、吻獸外，寶頂、挂檐板、檻牆、宮牆、宮門、照壁、花壇及欄杆等，都有使用琉璃裝飾的。

紫禁城建築的屋頂琉璃顏色以黃色爲主，此外孔雀藍、翠綠、絳紫、黑、白等各色琉璃在花園建築中亦成爲主要的裝飾色彩，且黃琉璃瓦綠剪邊、綠琉璃瓦黃剪邊、黑琉璃瓦綠剪邊、黃綠琉璃瓦相間等不同顏色的搭配，使得宮殿色彩更爲秀美絢麗。

宮殿建築是爲皇家所用的，因此在琉璃裝飾的圖案選擇上也是以建築等級和使用功能來劃定的。皇帝使用的宮殿，琉璃裝飾圖案爲龍，如三大殿、乾清宮、皇極殿、九龍壁等。內廷用于居住的建築，相關的琉璃裝飾圖案多爲花卉、禽獸等。一些高大的牆垣，采用木結構牌樓門的做法，用琉璃砌成三間七樓垂蓮柱的三座門，把大門裝飾得富麗堂皇；天一門和英華門琉璃照壁，仙鶴祥雲環繞其中，襯托出用于宗教的建築含義；皇極門外的九龍壁更是體現了太上皇宮殿建築的恢宏氣勢。而在一些衙署、府庫及次要的院落裏，琉璃構件衹用黃綠色裝點，沒有花飾。

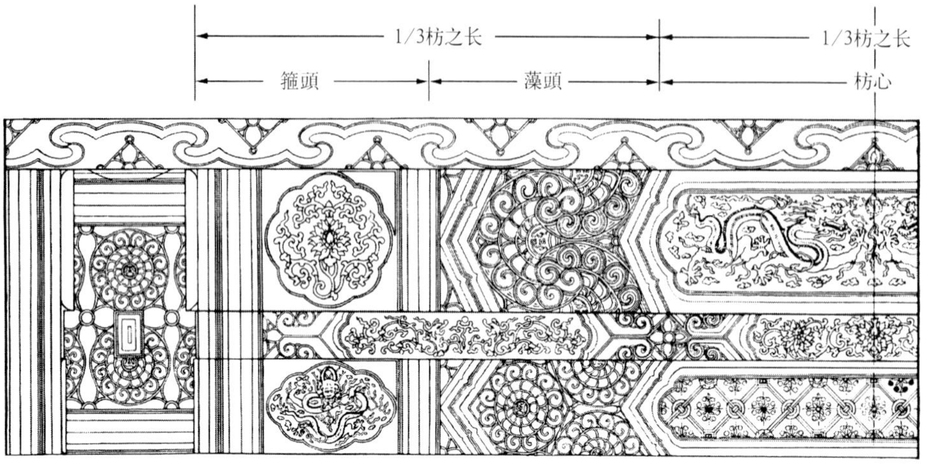

圖四四 旋子彩畫示意圖

（七）欄杆

當建築的臺基具有一定的高度時，爲保護人們安全，都要在臺子的周圍安置欄杆。欄杆是由欄板、望柱組成，其裝飾的花紋、題材的變化都是受等級的制約和適應使用的要求。

欄板由尋杖、華板、荷葉淨瓶三部分構成，也有無淨瓶者。三部分之中荷葉淨瓶的紋飾略有變化，華板的紋飾最爲豐富，且最具裝飾性。

望柱的裝飾極爲簡單，無論華板、望柱頭紋飾如何變化，望柱衹用簡單的海棠綫勾勒。紋飾的變化主要在于望柱頭，其紋飾是等級制度的直接體現。

如外朝三大殿是紫禁城的中心，是皇帝朝政的建築，三臺處于這個位置，需要的是莊嚴肅穆，它的望柱、華板僅爲海棠綫紋飾，而望柱頭裝飾爲雲龍、雲鳳紋，是紫禁城建築最高等級的代表，是皇權的象徵。花園中的亭臺樓閣、藏書樓文淵閣、金水河上的座座石橋，其欄杆的裝飾，有花卉、祥獸、海水和幾何紋等等，題材極爲豐富，雕刻圓潤細膩，反映了宮殿建築石雕藝術的水平和美的韵味。

（八）彩畫

彩畫的主要作用是保護木結構，使其提高防腐防蠹的性能，同時也是中國古代建築特有的裝飾形式之一。

所謂『雕梁畫棟』，是使用功能和美的要求的統一。在保護木結構不被腐蝕、虫蛀的基礎上，施以鮮艷奪目的彩繪，是建築使用與建築藝術相結合的突出成就。故宮建築上的彩畫以青、綠、紅、金爲主色，色調鮮明强烈；龍鳳圖案是它的主要題材；黄琉璃瓦的屋頂，深紅色的牆面和柱子，潔白的基座，配以屋檐下的彩畫，色彩和諧，層次分明，使宮殿建築更加富麗輝煌。

宮殿建築彩畫主要分爲和璽彩畫、旋子彩畫和蘇式彩畫三類。

外朝和內廷中主要殿堂飾以和璽彩畫，這是古建築中彩畫等級最高的一種，由枋心、藻頭、箍頭三部分組成（圖四三）。枋心位于構件（梁枋）之中，占構件的三分之一，內多繪龍、鳳等圖案，且大面積用金，因此最爲亮麗輝煌。枋心與藻頭之間有K形括綫相隔，爲識別和璽彩畫最顯著的標志。故宮建築和璽彩畫中因枋心圖案的不同，又有金龍和璽、雙龍和璽、龍鳳和璽、龍草和璽等。紫禁城中軸綫上（包括外朝、內廷）各殿座及其他宮的主要殿

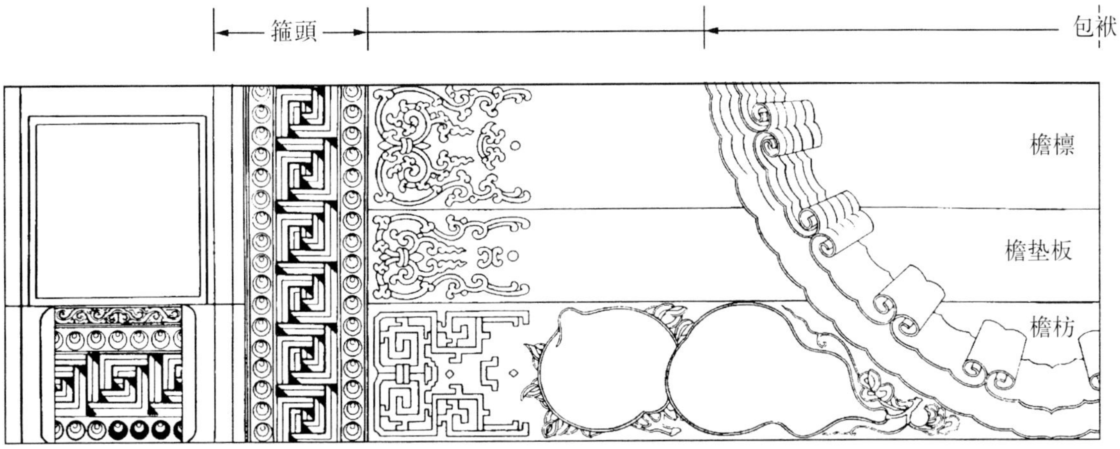

圖四五　蘇式彩畫示意圖（包袱枋心）

座多繪以和璽彩畫。

旋子彩畫等級次于和璽彩畫，多用于較次要的宮殿、配殿及門廡等。旋子彩畫藻頭圖案的中心有花心(旋眼)，花心的外圈環以兩層或三層重叠的花瓣，最外繞以一圈渦狀的花紋，稱做旋子。旋花以一整兩破（一整團旋花、兩枚半個旋花)爲基本構圖（圖四四），隨著梁仿、檁仿和大小額枋的長短高低，畫面旋花可以有不同的組合。枋心有龍錦枋心、一字枋心、空枋心、花錦枋心等，紋飾視藻頭旋花類型而定。旋子彩畫按各個部位用金的多寡和顏色搭配的不同，分爲渾金旋子彩畫、金琢墨石碾玉、烟琢墨石碾玉、金綫大點金、墨綫大點金、墨綫小點金、雅伍墨、雄黄玉八種。八種類型的采用視建築物的等級而定。

宮廷花園中的亭臺樓閣多繪蘇式彩畫。蘇式彩畫的畫面枋心主要有兩種式樣：一是將檐檁、檐墊板、檐枋三部分的枋心彩繪成半圓形，稱搭袱子，又稱包袱（圖四五）；二是采用狹長形枋心(圖四六)。包袱的輪廓綫由淺及深的逐層退暈。藻頭部分繪各種象形的集錦式的畫面，外加卡子作括綫。

蘇式彩畫在紫禁城園林建築中廣泛采用，其中尤以乾隆花園建築蘇式彩畫最爲精美。由于蘇式彩畫比和璽、旋子彩畫布局靈活，畫面所用題材廣泛，更適于居住生活區域的建築，因此清代晚期，在慈禧太后居住過的內廷東西六宮的儲秀宮、翊坤宮也彩繪了這類彩畫。

各類彩畫還繪于天花、藻井、斗栱、平板枋、角梁、雀替等露在外面的木構件上。這些彩畫的紋飾是隨宮殿梁枋檁桁的彩畫等級而確定，與整體彩繪求得和諧統一。

紫禁城建築雖然始建于明代，但現存的彩畫大部分是清代所繪，留存下來的鍾粹宮、長春宮、儲秀宮、南薰殿、澄瑞亭等幾處明代彩畫，已屬鳳毛麟角。澄瑞亭建于明萬曆十一年（一五八三年），初爲一座方形的亭橋，清代雍正九年（一七三一年）在亭的南側接蓋抱厦，方亭重新彩畫，由此澄瑞亭彩畫本應是清代雍正年以後所繪。但由于當時在做彩畫時没有將原有彩畫去掉，而是在上面重新做地仗，近年來由于地仗的破舊脱落，使得原有彩畫暴露了出來，因而我們可以通過一座建築欣賞到兩種不同風格的彩畫。內層爲方亭原有的明代彩畫，外層爲雍正以後的清代彩畫。內外層彩畫均爲三段式，但內層的岔口綫和蓮瓣紋與棱綫紋飾一致，而外層的岔口綫直棱直角，內棱綫則爲圓綫。藻頭部分裝飾雖然都有宋錦的風格，內外層均以斜綫爲主，但花紋的紋飾却不盡相同。盒子部分內層爲四瓣，外層爲八瓣，略有區别。在一座建築上可以同時領略明清兩個時代的彩畫，也是一件幸事。

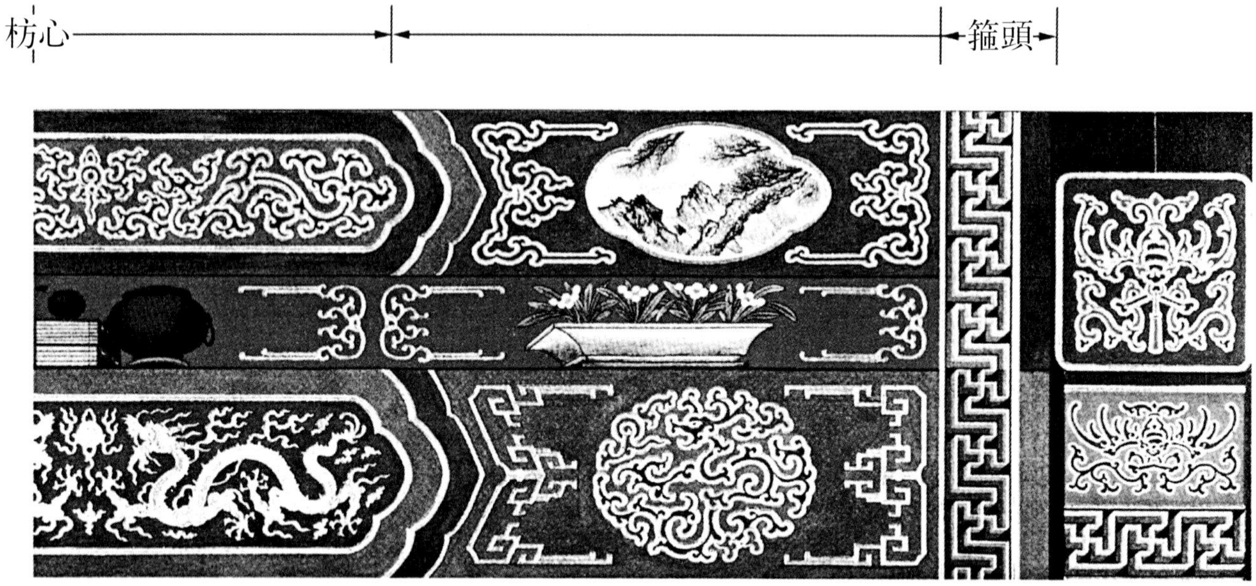

圖四六　蘇式彩畫示意圖（長形枋心）

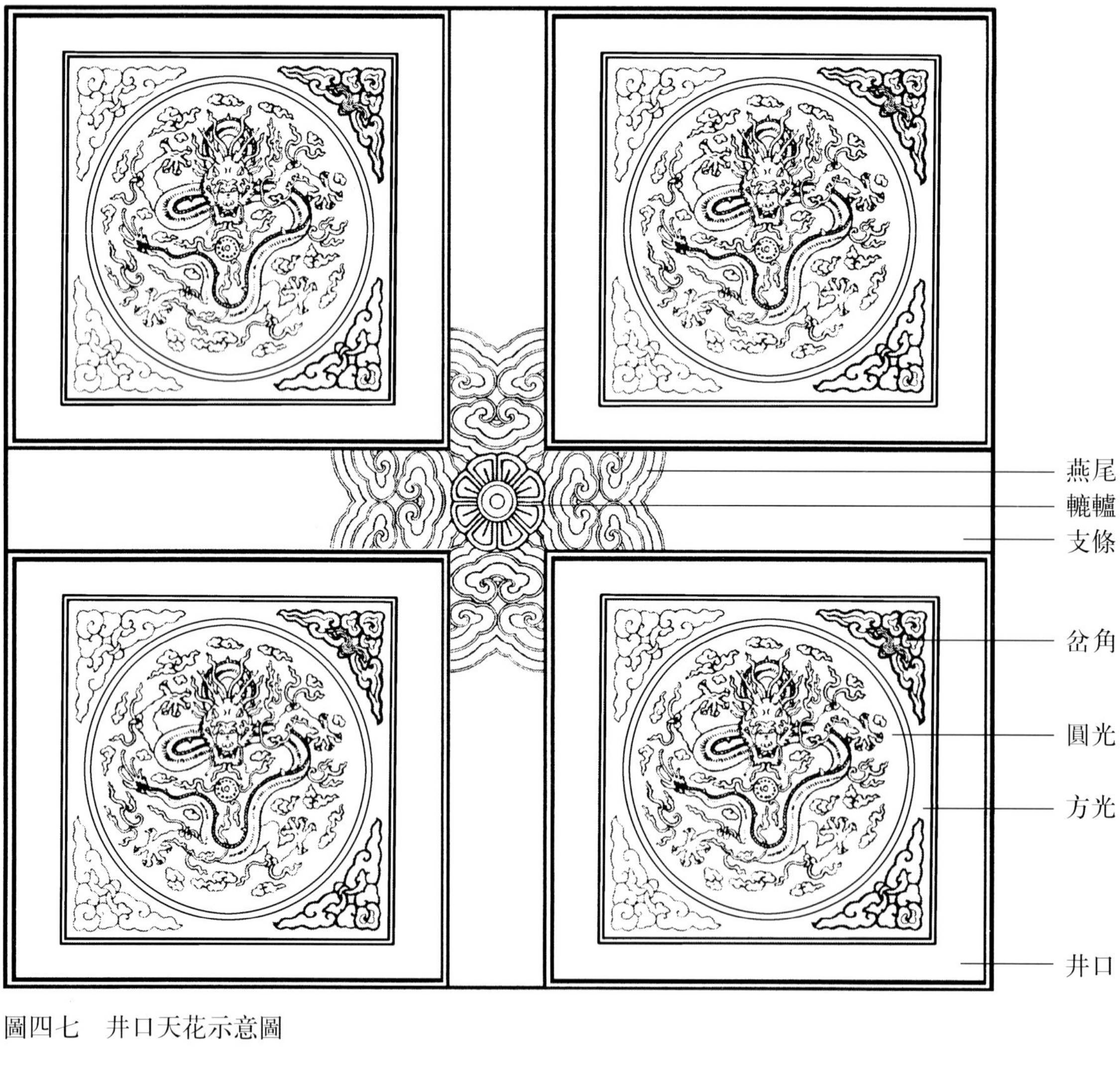

圖四七　井口天花示意圖

（九）藻井、天花

建築藻井早期多見于寺廟建築，如佛殿、佛塔，在其室内的天花板上做出藻井，可以使殿堂的空間高敞，易于放置佛像。

藻井在紫禁城宮殿建築内一般用在與皇帝有關的殿堂、花園建築中，它是皇權的體現。

藻井的結構一般爲外方形，向内逐層變化成圓形穹窿頂，中心雕飾有蟠龍。

故宮中的太和殿、養心殿、齋宮、皇極殿、欽安殿、交泰殿，御花園内的千秋亭和澄瑞亭，乾隆花園的符望閣等，都是帶有藻井的建築。這些藻井或顯威嚴，或顯華麗，或顯莊重，精緻華美，是宮殿建築藝術的杰作。

『天花』一詞始稱于清代。古建築的天花有多個稱謂，據宋《營造法式》記載：『……其名有三，一曰平機，二曰平撩，三曰平棊，俗謂之平起；其以方椽施素板者，謂之平暗。』室内最初設置天花是出于隔塵、調節室内温度，由于在天花板上施以彩繪，極富裝飾性，因此成爲建築藝術的重要組成部分。

天花的做法大致可以分爲井口天花、軟天花兩類。

井口天花用木條（亦稱支條）縱横相交，分割成若干方塊（也叫井口），方塊上覆蓋的木板，稱天花板。由于形狀像棋盤，後又在其上施彩畫，所以又稱天花或井口天花。天花板的中心圓光部位繪龍、鳳、花卉等各種圖案，底色多襯以藍色或緑色。圓光外爲方光，四周有岔角。支條的十字交叉處飾有蓮瓣圖案，俗稱軲轆，沿軲轆向四周支條上畫燕尾形的雲紋，稱『燕尾』（圖四七）。

軟天花是用木條釘成的篦子或用秸稈做架子，在其上糊數層紙或布，或先在紙上畫出支條、天花板和各種圖案的彩畫，再糊到頂棚上，也可取得很好的藝術效果。

天花上的彩繪紋飾與建築所處的位置和用途緊密相關。前三殿、後三宮位于紫禁城的中軸綫上，又是帝后使用的的殿堂，天花爲金龍或龍鳳紋圖案。后妃居住的東西六宮及園林建築中的天花彩畫，則采用百花、祥鶴等既活潑又有生氣的題材。佛堂建築雨花閣，其天花板上繪佛教『六字真言』，支條十字交叉處繪佛教法器鈴、杵相交，與室内的佛像、供器、唐卡相融和，形成了濃厚的宗教色彩。乾隆花園倦勤齋西側室内海墁式天花，彩繪藤蘿，與木雕竹紋小戲臺、竹飾題材的壁畫及周圍的竹籬笆連成一片，相映成趣，構成了一座美麗的『室内花園』。而樂壽堂、古華軒、碧螺亭木質雕刻的天花更爲富麗典雅，亦爲天花中的佳作。

圖版

一　紫禁城全景

二　午門正樓（重檐廡殿頂）

三　午門上西南崇樓（重檐四角攢尖頂）

四　太和殿（重檐廡殿頂）

五　乾清宮（重檐廡殿頂）

正
表正萬邦慎厥身脩思永
克寬克仁皇建其有

六　乾清宫内景

七　坤寧宮（重檐廡殿頂）

八　奉先殿（重檐廡殿頂）

九　皇極殿（重檐廡殿頂）

一〇　慈寧宮（重檐廡殿頂）

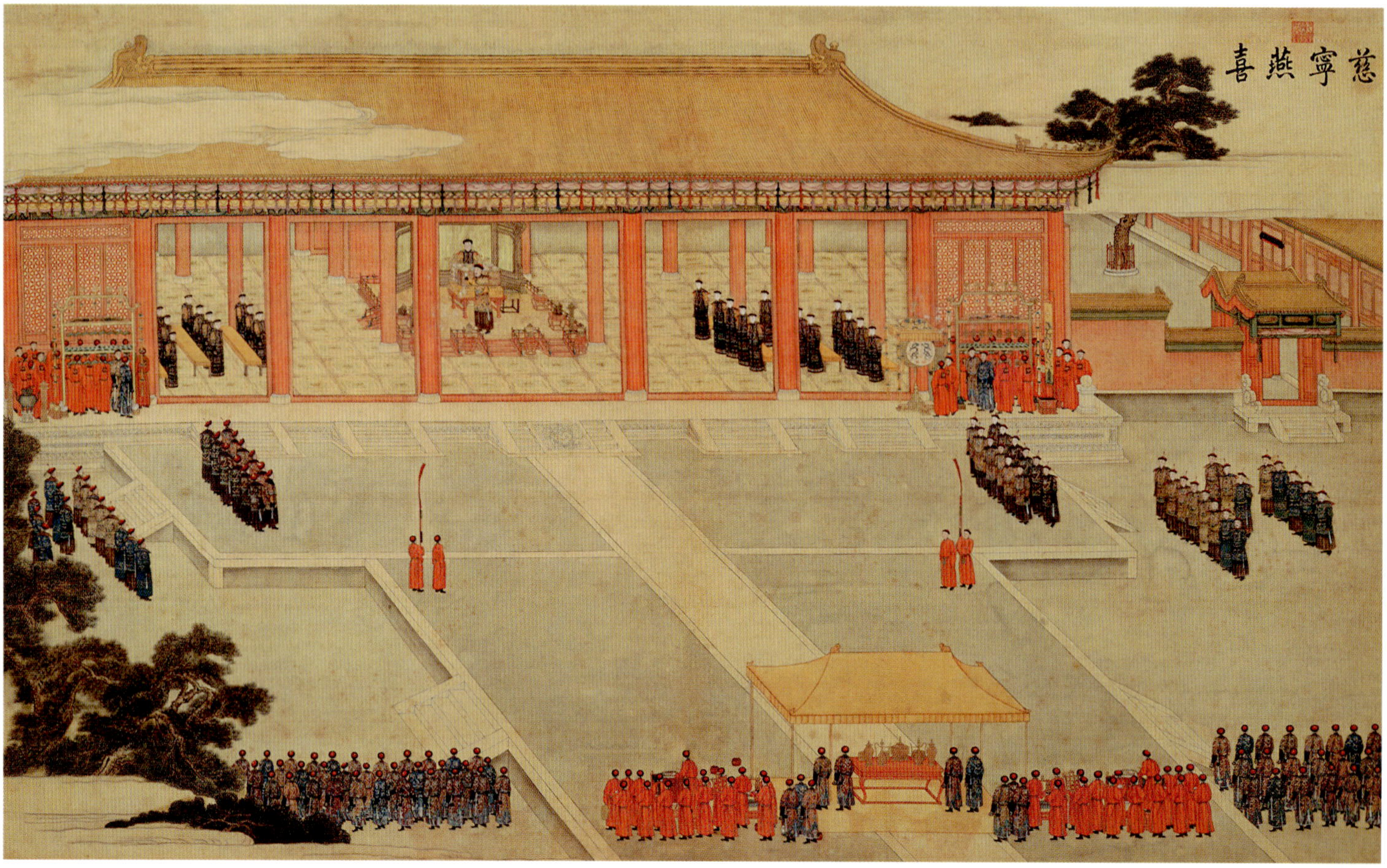

一一　《慈寧燕喜圖》

一二　景陽宫（單檐廡殿頂）

一三　體仁閣（單檐廡殿頂）

一四　太和門夜景（重檐歇山頂）

一五　保和殿（重檐歇山頂）

一六　太和殿四隅崇樓（重檐歇山頂）

一七　乾清門（重檐歇山頂）

一八　長春宫（單檐歇山頂）

一九　樂壽堂(單檐歇山頂)

暢音閣

二一　角樓（四面顯山的歇山頂）

二〇　暢音閣（捲棚歇山頂）

二二　角樓寶頂

二三　中和殿（四角攢尖頂）

二四　交泰殿（四角攢尖頂）

二五　御景亭（四角攢尖頂）

二六　聳秀亭（四角攢尖頂）

二七　千秋亭（重檐攢尖頂）

二八　千秋亭寶頂

二九　欽安殿（重檐盝頂）

三〇　欽安殿盝頂之中置鎦金塔式寶頂

三一　御花園西井亭（八角攢尖盝頂）

三三　碧螺亭束腰藍底白色冰梅紋琉璃寶頂

三二　碧螺亭（五脊重檐攢尖頂）

三四　文淵閣碑亭（盝頂）

三五　雨花閣（四角攢尖頂）

三六　雨花閣塔式寶頂

三七　太和殿

三八　太和殿大吻

三九　保和殿大吻

四〇　太和殿脊飾（十件）

四一　交泰殿脊飾
（七件）

四二　儲秀宮脊飾
（五件）

四三　南三所琉璃門

四四　南三所琉璃門脊飾（三件）

四五　琉璃門脊飾（一件）

四六　養性齋

四七　養性齋合角吻

四八　乾清門外東值房合角吻

四九　長春宮内檐梁架彩畫小樣（明代）

五〇　鍾粹宮内檐梁架彩畫小樣（明代）

五一　南薰殿内檐彩畫（明代）

五二　南薰殿内檐彩畫小樣（明代）

五三　奉先殿彩畫小樣（明代）

五四　太和殿内檐和璽彩畫（清代）

五五　交泰殿梁枋飾龍鳳紋和璽彩畫（清代）

五六　隆宗門內檐旋子彩畫（清代）

五七　協和門旋子彩畫（清代）

五八　漱芳齋東門蘇式彩畫（清乾隆）

五九　長春宮游廊蘇式彩畫（清晚期）

六〇　翊坤宫外檐蘇式彩畫（清晚期）

六一　绛雪轩

六二　絳雪軒斑竹紋彩畫（清乾隆）

六三　太和殿溜金斗栱彩畫（清康熙）

六四　皇極殿内檐轉角斗栱彩畫（清乾隆）

六六　太和殿龍紋天花

六五　太和殿内景

六七　寧壽門龍紋天花

六八　景陽宮雙鶴紋天花

六九　儲秀宮廊内百花紋天花

七〇　雨花閣六字真言紋天花

七一　奉先殿渾金蓮花水草紋天花

七二　南薰殿藻井

七四　交泰殿藻井

七三　太和殿藻井

七五　符望閣藻井

七六　臨溪亭彩繪藻井

七七　三大殿鳥瞰

七八　太和殿前雲龍紋御路

七九　三臺白石須彌座

八〇　三臺雲龍紋望柱

八一　三臺雲鳳紋望柱

八二　保和殿後雲龍紋御路

八三　乾清宫

八五　乾清宮後青磚臺基琉璃燈籠磚牆

八四　乾清宮前部白石雲龍紋望柱頭

八六　寧壽宮青磚臺基琉璃燈籠磚牆

八七　永壽宮龍鳳紋御路

八八　皇極殿錦地百花祥獸龍紋御路

八九　御花園

九〇　御花園石子路

九一　御花園石子路

九二　午門馬道

九三　神武門馬道

九四　護城河（角樓、城牆）

九五　護城河夜景

九六　外西路西墙外蜿蜒的河道（西筒子河）

九七　文華殿西牆外的河道

九八　太和門前的金水河

九九　太和門前的金水橋（五座橋）

一〇〇　金水河石欄板望柱

一〇一　前星門前的三座橋

一〇二　東華門内的單座橋

一〇三　東華門内石橋的望柱頭

一〇四　斷虹橋（單座橋）

一〇五　斷虹橋望柱頭

一〇六　斷虹橋望柱頭

一〇七　文淵閣前水池石橋

一〇八　文淵閣前水池石橋望柱頭

一〇九　文淵閣前水池欄板

一一〇 文淵閣前水池欄板柱頭

一一一　協和門外的單臂橋

一一二　太和殿梁架

一一三　太和殿梁架上之隔架科

一一四　養心殿抱厦梁架上之隔架科

一一五　寧壽門梁架上之隔架科

一一六　太和門梁架

一一七　太和門梁架上之隔架科

一一八　協和門駝峰

一一九　南薰殿霸王拳（明代）

一二〇　保和殿霸王拳（明代）

一二一　中和殿霸王拳（明代）

一二二　坤寧宮霸王拳（明代）

一二三　太和殿霸王拳（清代）

一二四　樂壽堂霸王拳（清代）

一二五　保和殿雀替（明嘉靖）

一二六　坤寧宮雀替（明萬曆）

一二七　太和殿雀替（清康熙）

一二八　皇極殿雀替（清乾隆）

一二九　長春宫雀替（清咸豐）

一三〇　儲秀宮雀替（清光緒）

一三一　太和門雀替（清光緒）

一三二　四神祠

一三三　四神祠緣環板（明中期）

一三四　澄瑞亭綠環板（明、清）

一三五　體仁閣緣環板（清乾隆）

一三六　養性齋絲環板（清乾隆）

一三七　寧壽宮絲環板（清乾隆）

一三八　皇極殿西垂花門縧環板（清乾隆）

一三九　太和殿三交六椀菱花槅扇門（後檐）

一四〇　太和殿槅扇門裙板

一四一　太和殿三交六椀菱花槅扇窗

一四二　太和殿内通夾室的門

一四三　交泰殿三交六
椀菱花槅扇門

一四四　坤寧宫吊搭窗

一四五　坤寧宮——清宮薩滿教祭神的重要場所

有喜三階祝並三多
綬五福堂同五代

一四六　坤寧宮東暖閣——皇帝大婚的洞房

一四七　養心殿

一四八　養心殿明間内景

一四九　養心殿東暖閣

一五○　養心殿三希堂

一五一　乾隆皇帝御筆『三希堂』

一五二　養心殿後殿明間内景

一五三　養心殿後殿東
梢間皇帝寢室

一五四　養心殿東圍房

一五五　鍾粹宮

一五六　鍾翠宮竹紋裙板

一五七　儲秀宮

一五八　儲秀宮蝠壽紋支摘窗

一五九　儲秀宮東次間内景

一六〇　儲秀宮西次間内景

一六一　太極殿

一六二　太極殿銅鎏金看葉

一六三　太極殿風門裙板裝飾

一六四　太極殿内景

一六五　長春宮

一六六　長春宮內景

一六八　雨花閣

一六七　長春宮西次間内景

一七〇　雨花閣二層内景

一六九　雨花閣檐下裝飾

一七二　梵華樓

一七一　雨花閣内樓梯間

一七四　梵華樓二層佛堂内景

一七三　梵華樓一層佛堂内景

大清乾隆甲午年敬造

一七五　南三所鳥瞰

一七六　南三所大門內廣場

一七七　御花園花壇

一七八　御花園花壇琉璃座

一七九　凝香亭

一八〇　如亭圍牆漏窗

一八一　漏窗琉璃裝飾

一八二　竹香館圍牆

一八三　西華門內值房（黑琉璃瓦頂）

一八四　文淵閣（黑琉璃瓦綠剪邊）

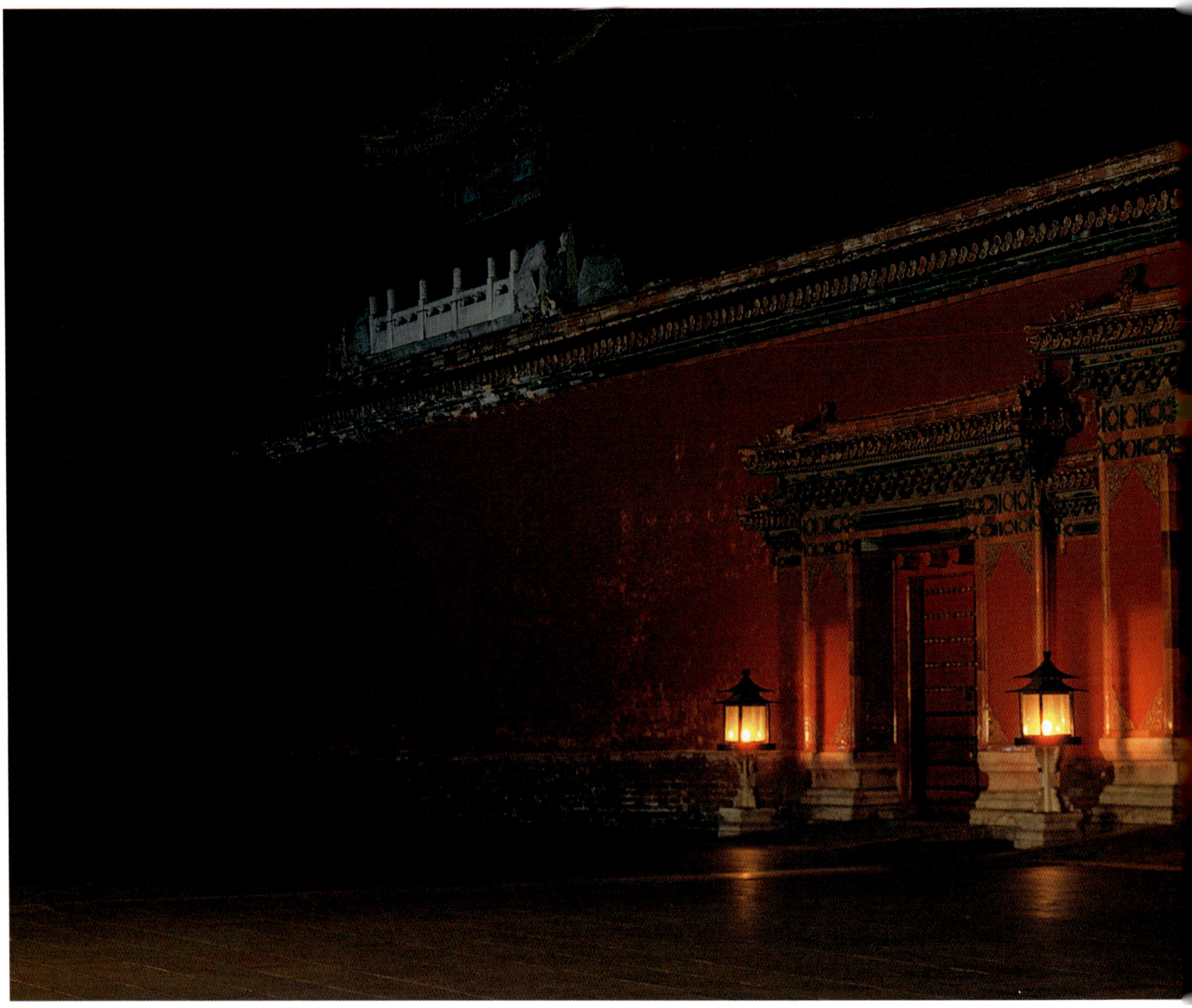

一八五　順貞門

一八六　順貞門琉璃裝飾細部

一八七　皇極門

一八八　皇極門琉璃裝飾細部

一八九　乾清門外影壁

一九〇　乾清門影壁琉璃裝飾

一九一　天一門

一九二　天一門影壁琉璃裝飾

一九三　遵義門影壁琉璃裝飾

養心門

一九四　養心門

一九五　景山

圖版説明

屋頂及裝飾

宮殿建築的屋頂，無論從建築的功能要求、建築輪廓還是造型藝術，都體現出了中國古代建築美的特征。『如鳥斯革，如翼斯飛』正是對屋頂檐角輪廓美的最形象的比喻。

一　紫禁城全景

紫禁城又稱北京故宮，是明清兩代的皇宮，建成于明代永樂十八年（一四二〇年），至今已有五百八十餘年的歷史，位于北京城的中心，占地七十二萬平方米，有房屋八千七百間，是中國現存最大最完整的宮殿建築群。一九六一年國務院頒布故宮爲第一批全國重點文物保護單位；一九八七年聯合國教科文組織將故宮列入世界文化遺產名錄。

二　午門正樓（重檐廡殿頂）

午門是紫禁城的正門，位于紫禁城南北軸綫上。建成于明永樂十八年（一四二〇年），清順治四年（一六四七年）重修，嘉慶六年（一八〇一年）又修。

午門的平面呈『凹』字形，沿襲唐朝大明宮含元殿的形制，存漢代門闕的遺風。

午門墩臺之上門樓一座，面闊九間，六〇．〇五米，進深五間，二十五米，重檐廡殿頂。是紫禁城最爲高大的城門。

三　午門上西南崇樓（重檐四角攢尖頂）

午門廊廡兩端的崇樓爲重檐攢尖頂。

四　太和殿（重檐廡殿頂）

太和殿俗稱『金鑾殿』，位于紫禁城南北中軸綫上，明永樂十八年（一四二〇年）建成，稱奉天殿。嘉靖四十一年（一五六二年）改稱皇極殿。清順治二年（一六四五年）改稱太和殿。康熙三十四年（一六九五年）重建。

太和殿面闊十一間，進深五間，建築面積二三七七平方米，高二六·九二米，連同臺基通高三五·〇五米，其上爲重檐廡殿頂，屋脊兩端安有高三·四〇米、重約四·三噸的大吻。殿前檐七間裝槅扇門，兩梢間裝檻窗，後檐明次三間安槅扇門，其餘爲磚牆。門窗格心爲三交六椀菱花紋，縧環、裙板雕刻蟠龍雲紋圖案，接榫處安有鐫刻龍紋的鎏金銅葉，裝飾極爲華麗，稱爲金扉金鎖窗。檐下斗栱，上層單翹三昂九踩溜金斗栱，下層單翹重昂七踩溜金斗栱，爲斗栱中等級最高的形制。檐角走獸十個，爲屋脊裝飾之孤例。其建築規模、等級制度、裝飾手法均爲中國現存古代建築之首。

太和殿前月臺左右陳設有日晷、嘉量、銅龜、銅鶴各一對。日晷是中國古代測日定時的計時器；嘉量是中國古代標準量器。日晷、嘉量并列于宮殿前左右，象徵天地一統，江山永固。

太和殿前廣場，中央爲巨石鋪墁的御路，御路兩側青磚鋪墁的庭院中分別嵌有一列『儀仗墩』石，別無其他點綴，顯得寬闊而平坦。每逢朝會大典，儀仗隊按儀仗墩排列齊整；各級宮員按品級站位，不得逾越；執事官員各司其職，各就各位，秩序井然，場面宏大，十分壯觀。

明清兩朝，皇帝舉行盛大典禮，如皇帝登基、即位、大婚、册立皇后、命將出征，以及每年的萬壽節、元旦、冬至三大節等都在太和殿舉行，屆時皇帝在此接受文武百官的朝賀。

五　乾清宮（重檐廡殿頂）

乾清宮是內廷後三宮之一，始建于明代永樂十八年（一四二〇年），明清兩代曾因數次被焚毀而重建，現有建築爲清嘉慶三年（一七九八年）所建。

乾清宮爲黃琉璃瓦重檐廡殿頂，坐落在單層漢白玉石臺基之上，連廊面闊九間，進深五間，建築面積一四〇〇平方米。

六　乾清宮內景

乾清宮作爲明代皇帝的寢宮，自永樂皇帝朱棣至崇禎皇帝朱由檢，共有十四位皇帝曾在此居住。萬曆帝的鄭貴妃爲爭做皇太后而鬧出的『紅丸案』、泰昌妃李選侍爭做皇后而移居仁壽殿的『移宮案』，都發生在乾清宮。明代乾清宮也曾作爲皇帝守喪之處。

清代康熙以前，這裏沿襲明制。自雍正皇帝移住養心殿以後，這裏即作爲皇帝召見廷臣、批閱奏章、處理日常政務、接見外藩屬國陪臣和歲時受賀、舉行宴筵的重要場所。一些日常辦事機構，包括皇子讀書的上書房，也都遷入乾清宮周圍的廡房，乾清宮的使用功能大大加强。

雍正元年曾下詔，密建皇儲的建儲匣存放乾清宮『正大光明』匾後。康熙、乾隆兩朝這裏也曾舉行過千叟宴。

七　坤寧宮（重檐廡殿頂）

坤寧宮是內廷後三宮之一，始建于明永樂十八年（一四二〇年），正德九年（一五一四年）、萬曆二十四年（一五九六年）兩次毀于火，萬曆三十三年（一六〇五年）重建。清沿明制于順治二年（一六四五年）重修，十二年（一六五五年）仿瀋陽盛京清寧宮再次重修。嘉慶二年（一七九七年）乾清宮失火，延燒此殿前檐，三年（一七九八年）重修。

坤寧宮坐北面南，面闊連廊九間，進深三間，黃琉璃瓦重檐廡殿頂。明代是皇后的寢宮。清順治十二年改建後，爲薩滿教祭神的主要場所。清康熙四年（一六六五年）玄燁大婚時，太皇太后指定大婚在坤寧宮行合巹禮。同治皇帝、光緒皇帝大婚，溥儀結婚也都是在坤寧宮舉行。

八　奉先殿（重檐廡殿頂）

奉先殿位于紫禁城內廷東側，爲明清皇室祭祀祖先的家廟，始建于明初。清順治十四年（一六五七年）重修。

奉先殿建在白石須彌座上，前殿與後寢以廊相連成工字形建築，四周繚以高垣。前殿面闊九間，進深四間，黃琉璃瓦重檐廡殿頂，建築面積一二二五平方米。

九 皇極殿（重檐廡殿頂）

皇極殿爲寧壽宮區的主體建築，始建于清康熙二十八年（一六八九年），初名寧壽宮。乾隆三十七年（一七七二年）至四十一年（一七七六年）改建寧壽宮一區建築時，將寧壽宮改稱爲皇極殿，作爲乾隆皇帝歸政後臨朝受賀之所。殿坐北朝南，面闊九間，進深五間，黄琉璃瓦重檐廡殿頂。

嘉慶元年（一七九六年）傳位授寶典後，乾隆皇帝曾以太上皇的身份在此設『千叟宴』，宴請九十歲以上耆老、群臣，時受宴者達五千餘人。

一〇 慈寧宮（重檐廡殿頂）

慈寧宮建于明嘉靖年間，初建時是單檐廡殿頂，乾隆三十四年（一七六九年）改建爲重檐廡殿頂，爲明清兩代皇太后舉行典禮的殿堂。

一一　《慈寧燕喜圖》

此圖記錄了清代乾隆皇帝爲其母親祝壽的場面。當時的慈寧宮還是單檐廡殿頂。

一二　景陽宮（單檐廡殿頂）

景陽宮爲内廷東六宮之一，明永樂十八年（一四二〇年）建成，初名長陽宮，嘉靖十四年（一五三五年）更名景陽宮。清康熙二十五年（一六八六年）重修。

宮爲二進院，前院正殿景陽宮，面闊三間，黄琉璃瓦廡殿頂，明間室内懸乾隆御題『柔嘉肅敬』匾。

後院正殿因清乾隆年藏宋高宗所書《毛詩》及馬和之所繪《詩經圖》卷于此，乾隆御題額曰『學詩堂』。

一三　體仁閣（單檐廡殿頂）

體仁閣位于太和殿前廣場内東側，面西，始建于明永樂十八年（一四二〇年），明初稱文樓，嘉靖時改稱文昭閣，清初改稱體仁閣。乾隆四十八年（一七八三年）六月毁于火，當年重建。

體仁閣高二十五米，坐落于崇基之上，上下兩層，黄色琉璃瓦廡殿頂。

清代各朝御容曾收藏于此。乾隆年重建後，此處即作爲清内務府緞庫。

一四　太和門夜景（重檐歇山頂）

太和門是紫禁城內最大的宮門，也是外朝宮殿的正門，面闊九間，進深三間，建築面積一三〇〇平方米，重檐歇山頂。始建成于明永樂十八年（一四二〇年），時稱奉天門。嘉靖四十一年（一五六二年）改稱皇極門，清順治二年（一六四五年）改稱太和門。光緒十四年（一八八八年）被焚毀，次年重建。

太和門在明代和清初是皇帝『御門聽政』之處。順治元年（一六四四）九月，清統治者定鼎北京後的第一個皇帝（順治皇帝福臨）即位，即在此頒詔大赦。

一五　保和殿（重檐歇山頂）

保和殿是外朝三大殿之一，位于中和殿後，建成于明永十八年（一四二〇年），初名謹身殿，嘉靖時遭火灾，重修後改稱建極殿。清順治二年改稱保和殿。

保和殿面闊九間，進深五間，高二九．五〇米，重檐歇山頂。建築面積一二四〇平方米。

明代皇帝大典前常在保和殿更衣。清代每年除夕、正月十五，皇帝賜外藩、王公及一二品大臣宴，賜額駙之父、有官職家屬宴及每科殿試等均于保和殿舉行。每歲終，宗人府、吏部在保和殿填寫宗室滿、蒙、漢軍以及各省漢職外藩世職黄册。清代殿試自乾隆年始在此舉行。

一六　太和殿四隅崇樓（重檐歇山頂）

三大殿庭院四角設置崇樓是《周禮．冬官．考工記》中最高等級的建築制度，也祇有帝王纔能使用。在古代建築中運用崇樓的形制非常罕見。山東曲阜孔廟的角樓，是因元朝封孔子爲『大成至聖文宣王』之後而增建的；關羽家鄉山西解縣關帝廟的角樓是因關羽被稱爲『關聖帝君』，于『天啓四年七月，禮部覆題

得旨，祭始稱帝』之後，纔增建的，由此它也成爲最高等級的關帝廟。因角樓關係到《周禮》中的宮隅之制，一般建築不准增設，因而故宮外朝的崇樓，雖然位于不太重要的角落，但其建築形制仍是很高的，其屋頂爲重檐歇山式。古代稱四隅爲『地維』或『四維』，并解釋：『四維，東南，巽；東北，艮；西南，坤；西北，乾。』認爲『天圓地方，天有九柱支柱，地有四維繫綴。』

一七　乾清門（單檐歇山頂）

乾清門爲紫禁城内廷的正宫門，建于明永樂十八年（一四二〇年，）清順治十二年（一六五五年）重修。面闊五間，進深三間，高約十六米，單檐歇山頂。

清代的『御門聽政』，在乾清門舉行。

一八　長春宮（單檐歇山頂）

長春宮是内廷西六宮之一，明永樂十八年（一四二〇年）建成，初名長春宮，嘉靖十四年（一五三五年）改稱永寧宮，萬曆四十三年（一六一五年）復稱長春宮。清康熙二十二年（一六八三年）重修，後又多次修整。咸豐九年（一八五九年）拆除長春宮的宮門長春門，并將啓祥宮後殿改爲穿堂殿，咸豐帝題額曰『體元殿』。長春宮、啓祥宮兩宮院由

此連通。

此宮爲后妃所居。清乾隆皇帝的孝賢皇后曾居住長春宮，死後在此停放靈棺。同治年至光緒十年（一八八四年），慈禧太后一直在此宮居住。

一九　樂壽堂（單檐歇山頂）

樂壽堂位于紫禁城東北偶，是寧壽宮後區中路建築之一，清乾隆三十七年（一七七二年）建成，面闊七間，三六．一五米，進深三

間，二三．二〇米，周圍廊，建築面積八三九平方米，單檐歇山頂。

乾隆皇帝以樂壽堂爲退位後的寢宮。光緒二十年（一八九四年），慈禧太后曾在此居住，以西暖閣爲寢室。

二〇　暢音閣（捲棚歇山頂）

暢音閣爲乾隆四十一年（一七七六年）建成的一座大型的演戲樓，位于寧壽宮後區養性殿東側，坐南面北，三重檐，一、二層檐覆黃琉璃瓦，頂層覆綠琉璃瓦黃琉璃瓦剪邊，捲棚歇山式頂，面闊、進深各三間，通高二〇．七一米。嘉慶二十二年（一八一七年）于閣的南面接蓋扮戲樓五間。

閣有三層演戲臺，上層稱福臺，中層稱祿臺，下層稱壽臺，壽臺面積二一〇平方米。

二一　角樓（四面顯山的歇山頂）

角樓爲城牆四隅之上的亭式建築，建于明永樂十八年（一四二〇年）。由城臺下地面至寶頂通高二七．五〇米，四面各三間，明間出抱厦，三交六椀菱花槅扇門窗，飾青綠旋子彩畫，屋頂三重檐多角形，上層爲十字相交脊四面顯山歇山頂，正中放置鎏金寶頂。角樓結構特殊，造型優美，色彩絢麗。晴空麗日，在陽光的照射下熠熠生輝，優美的輪廓倒映在平鏡般的護城河水面上，恍若瓊樓玉宇。它是中國古代建築的經典之作，紫禁城建築中的精品。

二二　角樓寶頂

正脊十字交叉處置銅鎏金寶頂。

二三　中和殿（四角攢尖頂）

中和殿是故宫外朝三大殿之一，位于紫禁城太和殿、保和殿之間。始建于明永樂十八年（一四二〇年），明初稱華蓋殿，嘉靖時火灾，重修後改稱中極殿。清順治二年（一六四五年）改稱中和殿。

中和殿平面呈正方形，面闊、進深各爲三間，四面出廊，金磚鋪地，建築面積五八〇平方米。屋頂爲單檐四角攢尖。

二四　交泰殿（四角攢尖頂）

交泰殿是内廷後三宫之一，位于乾清宫和坤寧宫之間，明嘉靖年間建。清嘉慶二年（一七九七年）乾清宫失火，延燒此殿，是年重建。

交泰殿平面爲方形，深、廣各三間，單檐四角攢尖黄琉璃瓦頂，覆銅鎏金寶頂。

交泰殿爲皇后千秋節受慶賀禮的地方。清代，于此殿貯清二十五寶璽。清世祖所立『内宫不許干預政事』的鐵牌曾立于此殿。

二五　御景亭（四角攢尖頂）

御景亭位于御花園內東側的假山之上。亭平面方形，四柱，攢尖頂，上覆翠綠琉璃瓦，黃色琉璃瓦剪邊。

御景亭是皇帝、皇后在農曆九月初九重陽節登高的地方。自亭上可俯瞰宮苑，遠眺景山、西苑，盡在目中。

二六　聳秀亭（四角攢尖頂）

聳秀亭位于寧壽宮花園第三進院落，坐落于高聳的假山之巔。亭平面呈方形，四角攢尖頂。

二七　千秋亭（重檐攢尖頂）

明嘉靖十五年（一五三六年）建。方亭四面出抱厦，平面呈十字形，重檐歇山頂，下層檐置單昂三踩斗栱，下層檐以上改成圓形，置單昂五踩斗栱。黃琉璃竹節瓦，圓攢尖頂，明稱『一把傘』式。

二八　千秋亭寶頂

千秋亭寶頂是由彩色琉璃寶瓶承托鎏金華蓋組合成的。

二九　欽安殿（重檐盝頂）

殿爲黄琉璃瓦重檐盝頂，坐落在漢白玉石單層須彌座上。殿前出月臺，四周圍以穿花龍紋漢白玉石欄杆，龍鳳望柱頭，惟殿後正中一塊欄板爲雙龍戲水紋。欽安殿的雕石是紫禁城建築雕刻藝術中的精品。

欽安殿内供奉玄天上帝。清朝每年元旦于天一門内設斗壇，皇帝在此拈香行禮。每遇年節，欽安殿設道場，道官設醮進表。

三〇　欽安殿盝頂之中置鎏金塔式寶頂

三一　御花園西井亭（八角攢尖盝頂）

亭平面方形，面闊一·九四米，四周繞以石欄板，石泄水槽。在四柱上端采用擔梁兩端懸挑另一根懸空的梁，于是四方改成八方，頂由此成爲八角形。八角攢尖頂中間落平，是爲八角攢尖頂盝頂，正中開八角形露天洞口，覆黄琉璃瓦，八對合角吻，八條脊，脊端安仙人走獸。

亭內架有兩根横木，中間安著滑輪，是當年打水的遺迹。盝頂洞口正對下面的井口，爲的是采光，以便看清井中水面，亦方便掏井，利于長竿上下。

三二　碧螺亭（五脊重檐攢尖頂）

亭平面呈梅花形，五瓣形須彌座，五柱五脊，重檐攢尖頂，上層覆翡翠綠琉璃瓦，下層覆孔雀藍琉璃瓦，上下層均以紫色琉璃瓦剪邊，上安束腰藍底白色冰梅紋琉璃寶頂。每層五條垂脊，分爲五個坡面，亦仿梅之意。

三三　碧螺亭束腰藍底白色冰梅紋琉璃寶頂

三四　文淵閣碑亭（盝頂）

碑亭建在文淵閣的東側，盝頂黃琉璃瓦，造型獨特。亭內立石碑一通，正面鐫刻有乾隆皇帝撰寫的《文淵閣記》，背面刻有文淵閣賜宴御製詩。

三五　雨花閣（四角攢尖頂）

雨花閣爲重檐三層的樓閣式建築，一層檐覆綠琉璃瓦黃琉璃瓦剪邊，二層黃琉璃瓦藍琉璃瓦剪邊。屋頂爲四角攢尖式，滿覆銅質鎏金的筒瓦，四條垂脊上各置一條鎏金銅龍，造型生動。四條銅龍和塔式寶頂均爲乾隆四十四年重鑄，每條龍重一百八十斤，長一丈一尺五寸，塔式寶頂重二百六十五斤，高九尺六寸，整個屋頂在陽光照射下，流光溢彩，璀璨奪目。

三六　雨花閣塔式寶頂

雨花閣寶頂爲銅鎏金喇嘛塔，乾隆四十四年（一七七九年）鑄。

三七　太和殿

三八　太和殿大吻

太和殿屋頂爲重檐黃琉璃瓦，規格爲『三樣瓦』，正脊與大吻又加大一號，是『二樣瓦』。正吻爲十三拼，高三·四米。十三拼的大吻，按營造庫秤制爲七二〇〇斤，折合市秤八五九四斤，公制爲四二九七公斤，即重約四·三噸。

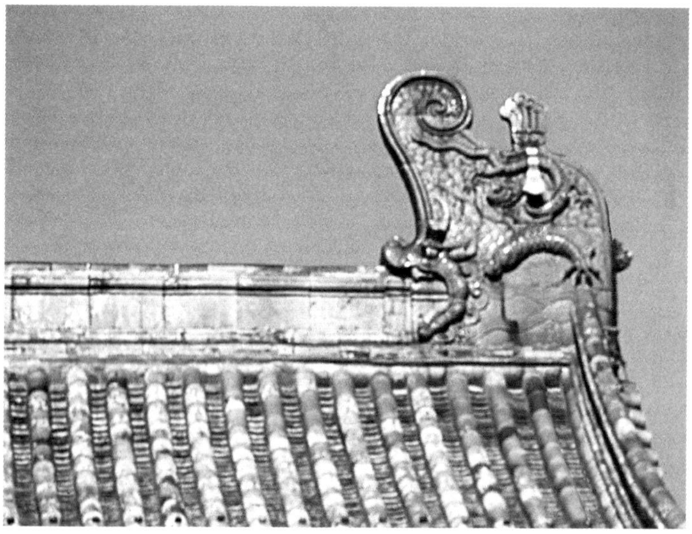

三九　保和殿大吻

四〇　太和殿脊飾（十件）

太和殿檐角的走獸與衆不同，一般的走獸要成單，最多到九個（仙人在外），但是太和殿上下檐的走獸是十個，其排列順序是龍、鳳、獅子、海馬、天馬、押魚、狻猊、獬豸、斗牛（吼），行什（猴）。脊飾上有『行什』的建築，太和殿是孤例。

四一　交泰殿脊飾（七件）

四二　儲秀宮脊飾（五件）

四三　南三所琉璃門

四四　南三所琉璃門脊飾（三件）

四五　琉璃門脊飾（一件）

四六 養性齋

養性齋位于御花園西南，始建于明代，原爲兩層樓閣式，西闊七間，坐西面東，清乾隆十九年（一七五四年）于樓兩端向前各接出三間，改建爲轉角樓，黄琉璃瓦轉角廡殿頂。

清遜帝溥儀的英文教師莊士敦曾在此居住。

四七 養性齋合角吻

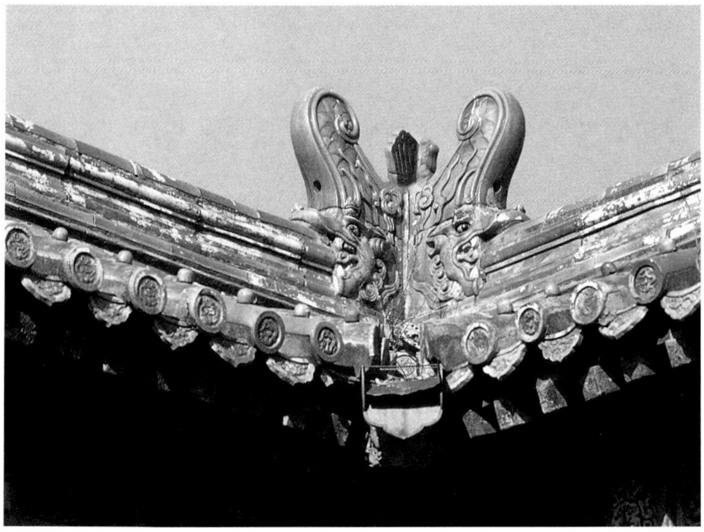

四八 乾清門外東值房合角吻

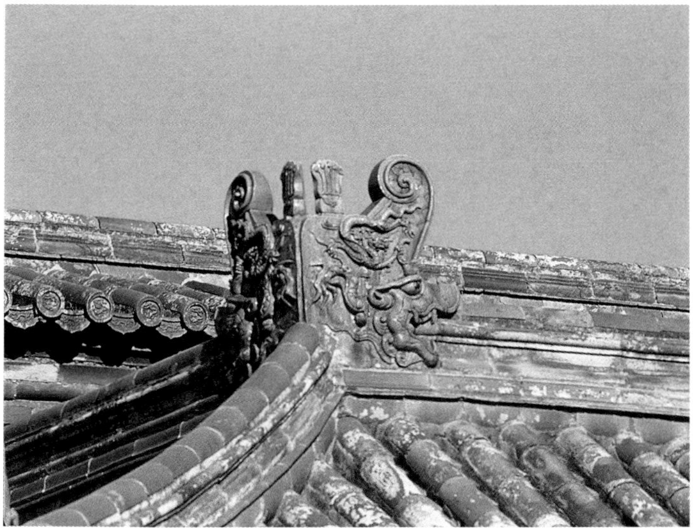

彩畫及裝飾

故宮建築上的彩畫色調鮮明强烈，龍鳳圖案是它的主要題材；黄琉璃瓦的屋頂，深紅色的牆面和柱子，潔白的基座，配以屋檐下的彩畫，色彩和諧，層次分明，使宮殿建築更加富麗堂皇。

四九　長春宮内檐梁架彩畫小樣（明代）

五〇　鍾粹宮内檐梁架彩畫小樣（明代）

鍾粹宮是内廷東宮之一。明永樂十八年（一四二〇年）建成時稱咸陽宮，明嘉靖十四年（一五三五）更名鍾粹宮。始建時爲『徹上明造』，内檐彩繪，經明清兩代多次修葺，加造頂棚，使内檐遮在天花梁架上的明代彩畫仍完好地保存著。

五一　南薰殿内檐彩畫（明代）

南薰殿的彩畫枋心爲平金開墨雙龍戲珠。

五二　南薰殿内檐彩畫小樣（明代）

五三　奉先殿彩畫小樣（明代）

五四　太和殿内檐和璽彩畫（清代）

太和殿内的金龍和璽彩畫，爲清康熙三十四年（一六九五）重建後所繪。其綫條多成弧形，沿襲了明代的手法，色彩鮮艷奪目。枋心金龍、火焰寶珠貼金，庫金、赤金相間，做法細膩，井井有條。

五五　交泰殿梁枋飾龍鳳紋和璽彩畫（清代）

交泰殿爲嘉慶二年（一七九七年）重建。

五六　隆宗門内檐旋子彩畫（清代）

五七　協和門旋子彩畫（清代）

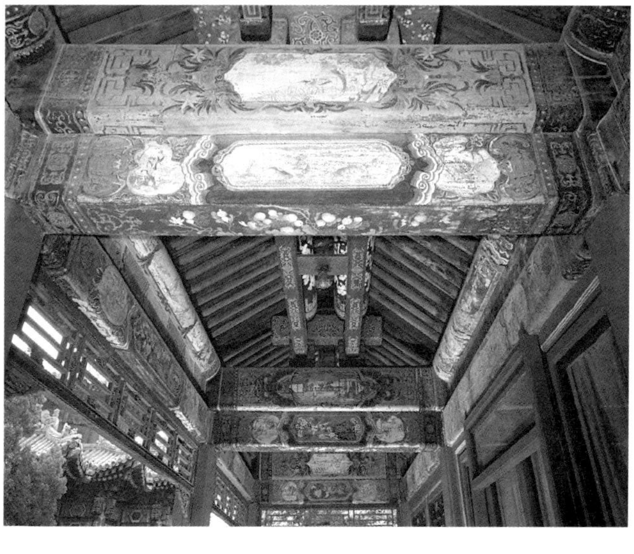

五八　漱芳齋東門蘇式彩畫（清乾隆）

五九　長春宮游廊蘇式彩畫（清晚期）

六〇　翊坤宮外檐蘇式彩畫（清晚期）

翊坤宮原爲和璽彩畫，清光緒年間重修時改繪蘇式彩畫。

六一　絳雪軒

絳雪軒位于御花園東南，坐東面西，與養性齋東西相對，闊五間，黄琉璃瓦硬山式頂。前接歇山捲棚頂抱厦三間，梁架、柱框飾斑竹紋彩畫，楠木質門窗不施油飾，淡雅樸實。

軒前原植有海棠樹，逢花瓣飄落時，宛若片片雪花，遂名絳雪軒。晚清時，改植太平花，初夏時開花，花瓣白色。

軒前一木化石柱，色鐵灰，十分珍奇，上刻有乾隆皇帝御題。

六二　絳雪軒斑竹紋彩畫（清乾隆）

絳雪軒位于御花園東南，清乾隆年間改建，外檐斑竹紋彩畫清秀素雅，爲宮中少有。

六三　太和殿溜金斗栱彩畫（清康熙）

六四　皇極殿內檐轉角斗栱彩畫（清乾隆）

六五　太和殿內景

太和殿內金磚鋪地，明間設寶座臺，臺高七階，髹金寶座置其正中，爲須彌座形式，三條蟠龍構成椅背。寶座後有雕龍髹金屏風，前設寶象、角(音lu) 端、仙鶴和香亭，遠觀近看都不失穩重華麗之感。寶座臺兩側排列著六根直徑一米的巨柱，瀝粉貼金雲龍深淺兩色，使圖案突出鮮明。寶座上方置蟠龍藻井，藻井正中蟠龍口銜寶珠，與寶座成上下呼應。殿內金龍和璽彩畫，綫條多成弧形，手法細膩，色彩鮮艷，裝飾考究，呈現出皇家建築金碧輝煌、豪華富麗的氣派。

六六　太和殿龍紋天花

六七　寧壽門龍紋天花

六八　景陽宮雙鶴紋天花

六九　儲秀宮廊内百花紋天花

儲秀宮廊内的百花紋天花是慈禧太后過五十歲生日修繕儲秀宮時所繪，有牡丹、菊花、水仙、蘭花、荷花……，圖案精美，色澤鮮艷，意爲『花團錦簇，吉祥如意』。

七〇　雨花閣六字真言紋天花

雨花閣天花的圓光是由佛教的六字真言組成的圓形六瓣蓮花圖案，象徵『超脱苦難。尋求光明与歡樂』；支條繪佛教法器中的鈴、杵相交圖案。六字真言紋天花与佛堂内造像、陳設、壁畫相融和，形成了濃厚的宗教色彩。

七一　奉先殿渾金蓮花水草紋天花

七二　南薰殿藻井

南薰殿爲明代所建。清乾隆年後，以此殿作爲尊藏歷代帝王圖像之處，有《御製南薰奉藏圖像記》卧碑。該殿梁架、藻井爲明代遺物，十分珍貴。

七三　太和殿藻井

天花中部的蟠龍藻井雕刻極精，彩畫絢麗，金碧輝煌。

七四　交泰殿藻井

殿内頂部藻井結構繁複，飾以赤、庫兩色金，中爲蟠龍銜珠。

七五　符望閣藻井

符望閣是寧壽宮花園第四進院落的主體建築。清乾隆三十七（一七七二年）建。形制上模仿建福宮花園的延春閣。室内一層裝修巧妙分隔爲數室，置身其中，往往迷失方向，故俗有『迷樓』之稱。

七六　臨溪亭彩繪藻井

臨溪亭天花彩繪蟠龍藻井。

石雕、路面及裝飾

從『堂崇三尺，茅茨不剪』，到美宮室高臺榭，到高臺之尊與宮殿結合，『臺』在功能上已成爲承托宮殿建築的基座，三重鉤欄白石須彌座，把建築造型推向了一個新的高度，更加襯托出宮殿建築的宏偉壯麗。

七七　三大殿鳥瞰

太和殿、中和殿、保和殿是紫禁城的主體建築，這三幢建築依次排列于同一高臺之上，雄偉壯麗，通稱爲三大殿。三臺臺邊高七・一二米，中心高八・一三米，面積二五〇〇〇平方米，由三層重疊的須彌座構成，共有螭首一一四二個。這組建築在紫禁城內自成一個龐大的格局，占地約八七〇〇〇平方米，四角布置著方形重檐歇山的角樓（崇樓），兩旁廊廡連亘，圍成一組大院落。

七八　太和殿前雲龍紋御路

七九　三臺白石須彌座

八〇　三臺雲龍紋望柱

八一　三臺雲鳳紋望柱

八二　保和殿後雲龍紋御路

保和殿後的御路由上中下三層組成。下層的御路大石雕，是由一塊完整的艾葉青石雕刻而成，石材長一六・五七米，寬三・〇七米，厚一・七〇米，重約二百多噸。周邊淺刻著捲草圖案，下端是海水江涯，中間散點的流雲，襯托著突起的蟠龍，兩側踏跺浮雕著獅馬等圖案，與中間的突起蟠龍主次分明。其用材之巨，雕鑿之精，選質之佳，以及藝術處理之妙，可稱古建石雕中之瑰寶。

八三　乾清宫

內廷後三宮坐落在一工字形的臺基上，明代爲帝后的寢宮。其前殿乾清宮前部的臺基爲白石須彌座，周以白石欄板望柱頭。

八四　乾清宫前部白石雲龍紋望柱頭

八五　乾清宫後青磚臺基琉璃燈籠磚牆

乾清宮後部至坤寧宮臺基爲青磚砌築，周以黄綠琉璃磚相間圍砌成燈籠矮牆，與乾清宮前部的白石須彌座臺基、白石欄板望柱頭形成了鮮明的對比。

八六　寧壽宮青磚臺基琉璃燈籠磚牆

寧壽宮青磚臺基、黃綠琉璃磚燈籠矮牆爲乾隆年間仿照坤寧宮而建。

八七　永壽宮龍鳳紋御路

永壽宮是內廷西六宮之一，建于明永樂十八年（一四二〇年），初曰長樂宮。嘉靖十四年（一五三五年）改名毓德宮；萬曆四十四年（一六一六年）又更名爲永壽宮。清順治十二年（一六五五年）、康熙三十六年（一六九七年）、光緒二十三年（一八九七年）都曾重修或大修。在清末對西六宮的改建中，永壽宮未作大的改動，基本保持了明初始建時的格局。

正殿接月臺，前出階，中爲石雕龍鳳紋御路。

八八　皇極殿錦地百花祥獸龍紋御路

八九　御花園

御花園始建于明永樂十八年（一四二○年），是宮中建成最早、規模最大的一座專供帝王后妃休息、游賞的花園，位于内廷坤寧宮北，紫禁城中軸綫上，明代嘉靖以前稱『宮後苑』。

御花園東西寬一三○米，南北長九十米，占地約一二○○○平方米。園内建築經明代嘉靖、萬曆，清代雍正、乾隆等時期的改建或添建，已有亭臺樓閣軒館二十餘座，占全園面積的三分之一。建築精巧多變化，以位于中軸綫上的欽安殿爲中心左右對稱布置。園開四門，北門順貞門與神武門相對，是内廷出入的重要門户。

園内松柏翠竹相間，常年碧綠，珍石羅布其間，典雅秀美，牡丹、芍藥、玉蘭更顯雍容華貴。園内花草清代由南花園辦理，四季不衰。春暖花開之季，園内更是景色宜人，漫步其中，詩情畫意油然而生，故乾隆皇帝《上苑初春》詩曰：『堆秀山前桃始發，延暉閣畔柳絲斜。晴光摇颺金城曉，花色分明玉砌霞』。御花園是明清兩代帝后游樂休憩的御苑，因此也是一座最爲富麗的花園。

九○　御花園石子路

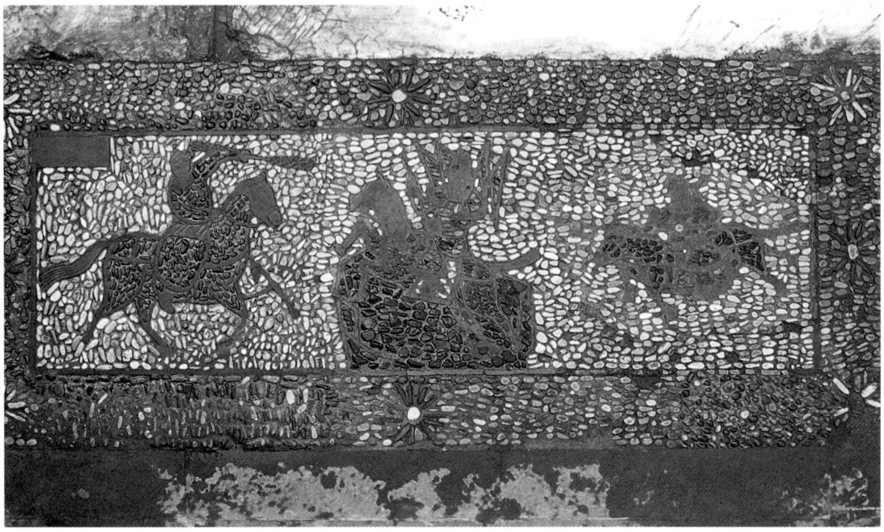

九一　御花園石子路

九二　午門馬道

通往城牆的坡道。位于城門内兩側，一般砌成礓𥕢式，便于車馬上下。

九三　神武門馬道

河之橋及裝飾

紫禁城内金水河，全長兩仟餘米，蜿蜒而流，或顯或隱。河上之橋，似飛虹，似玉帶，點綴其上。

九四　護城河（角樓、城牆）

環繞紫禁城外圍的護城河，建成于明代永樂十八年（一四二〇年）。河寬五十二米，係石壘砌駁岸，堅固陡直，亦稱筒子河。紫禁城牆高九米，頂面寬六・六六米，底面寬八・六二米。護城河水自西北流入，從東南方流出至御河。清代河中曾植蓮藕，歲收進宮中用，餘者買出，所得銀兩存奉宸苑備用。紫禁城的城池具有防禦功能。外以城磚包砌，頂部外側築堞，是禁軍防守的垛口。城垣四隅建有角樓，是作爲瞭望警戒的城防設施。

九五　護城河夜景

九六　外西路西牆外蜿蜒的河道（西筒子河）

護城河水從紫禁城北牆西側下的涵洞流入，沿城内西牆向南緩慢流過。此處河道蜿蜒曲折，駁岸係石壘砌，河牆青磚砌築，稱之爲西筒子河。河上原建有木橋十餘座，可供人們往來。河的西岸曾建有連房百餘間，作爲各宮的膳房、庫房和值侍人員的住所。《明宮史》記金水河『自玄武門（即清神武門）之西，自地溝入，至廊下家，由懷公門以南，過長庚橋，裏馬房橋……』就是記載的這一段。廊下家即連房，長庚橋、裏馬房橋即架在河上的木橋。現今連房、木橋已無存。

九七　文華殿西牆外的河道

此是內金水河惟一一處向北流的河道，明代始建時河道沿文華殿西牆外蜿蜒而北。清乾隆年間重砌河牆時取直，至今還留有改道後的痕迹。

九八　太和門前的金水河

金水河自西而東流經太和門前廣場，設白石欄板河牆，以壯觀瞻。此處河道最寬，彎曲成弓形，與太和門前規矩方整的庭院形成了靜中有動的鮮明對比。

九九　太和門前的金水橋（五座橋）

太和門前的金水橋由五座石橋組成，均爲單拱券式，中間的一座爲御路橋，專供皇帝通行，橋長二十餘米，寬六米，兩側白石欄杆，雲龍紋望柱頭。兩側橋的長、寬依次遞減，二十四氣紋望柱頭，等級略低，爲王公大臣、文武百官等通行。

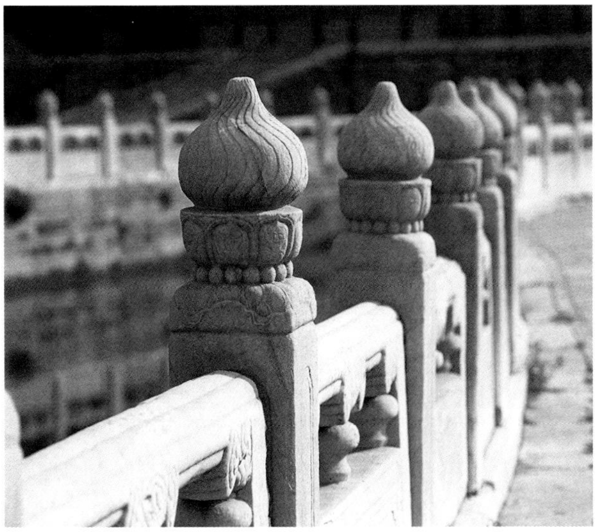

一〇〇 金水河石欄板望柱

一〇一 前星門前的三座橋

一〇二 東華門内的單座橋

東華門内金水河上衹架設了單座橋，橋寬敞平坦，利于車馬通行。

一〇三　東華門内石橋的望柱頭

一〇四　斷虹橋（單座橋）

斷虹橋位于太和門廣場外西側，全長一八·七米，寬九·二米，單拱券跨度四·二米。橋面青白石鋪砌，兩側欄杆維護，漢白玉石欄板潔白瑩潤，上面雕有精美的百花、龍紋圖案。望柱頭以蓮花爲座，蓮座之上的石獅子，神情各异，憨態可掬。整座石橋石質精良，雕刻精美，雖爲單座橋，却是故宫諸橋中之精品。

一〇五　斷虹橋望柱頭

一〇六　斷虹橋望柱頭

一〇七　文淵閣前水池石橋

閣前方池，引金水河水流入，石橋南北向橫跨于水池之上，單拱券。石橋及水池四周欄板都雕有水生動物紋圖案，靈秀精美。

一〇八　文淵閣前水池石橋望柱頭

一〇九　文淵閣前水池欄板

一一〇　文淵閣前水池欄板柱頭

一一一　協和門外的單臂橋

金水河西出太和門院便遇一條南北道路，于是將此段河道做成涵洞，涵洞上修築路面，供行人通過。路的東側仍爲河道，沿路邊依河的寬窄安裝欄板望柱，以保安全。于是就出現了祇有半邊欄杆的橋，稱之單臂橋。

功能型構件及裝飾

宮殿建築所産生的美，是沒有脫離功能的美，是故宮建築美的真諦所在。這些近乎完美的裝飾，正是真與美結合的産物。

一一二　太和殿梁架

一一三　太和殿梁架上之隔架科

一一四　養心殿抱廈梁架上之隔架科

一一五　寧壽門梁架上之隔架科

一一六　太和門梁架

一一七　太和門梁架上之隔架科

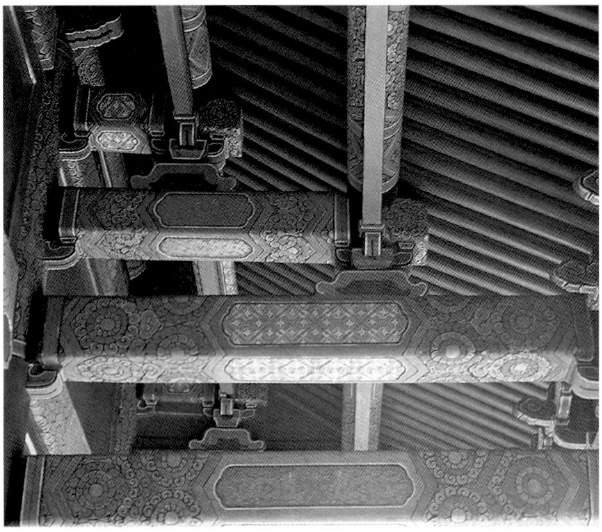

一一八　協和門駝峰

一一九　南薰殿霸王拳（明代）

一二〇　保和殿霸王拳（明代）

一二一　中和殿霸王拳（明代）

一二二　坤寧宮霸王拳（明代）

一二三　太和殿霸王拳（清代）

一二四　樂壽堂霸王拳（清代）

一二五　保和殿雀替（明嘉靖）

保和殿爲明嘉靖四十一年（一五六二年）重建。

一二六　坤寧宮雀替（明萬曆）

坤寧宮爲明萬曆三十三年（一六〇五年）重建。

一二七　太和殿雀替（清康熙）

太和殿爲清康熙三十四年（一六九五年）重建。

一二八　皇極殿雀替（清乾隆）

皇極殿爲清乾隆三十七年（一七七二年）建。

一二九　長春宮雀替（清咸豐）

長春宮雀替是清咸豐九年（一八五九年）改建長春宮時添加的。

一三〇　儲秀宮雀替（清光緒）

儲秀宮雀替是清光緒十年（一八八四年）改建儲秀宮時添加的。

一三一　太和門雀替（清光緒）

太和門爲清光緒十四年（一八八八年）被焚後重建。

一三二　四神祠

四神祠是供奉四神的地方。建于明嘉靖十五年（一五三六年），由一座八角形亭子前出抱厦組成，周圍出廊，八方攢尖頂黃琉璃瓦，上覆黃琉璃寶頂。抱厦捲棚歇山頂，黃琉璃瓦。梁枋繪龍錦旋子彩畫，天花板繪錦紋支條纏枝蓮天花。色彩絢麗，造型纖秀，別具風格。

一三三　四神祠絛環板（明中期）

一三四　澄瑞亭絛環板（明、清）

澄瑞亭爲明萬曆十一年（一五八三年）建。澄瑞亭抱厦爲清雍正十年（一七三二年）添接。

一三五　體仁閣絲環板（清乾隆）

一三六　養性齋絲環板（清乾隆）

一三七　寧壽宮絲環板（清乾隆）

一三八　皇極殿西垂花門絛環板（清乾隆）

豪華的裝修及裝飾

宮殿建築裝修，選料考究，類型多樣，華貴富麗，精美絶倫。于虛實相間之中，取得似分似合的意趣；于裝飾藝術之中寓意美好企盼。

一三九　太和殿三交六椀菱花槅扇門（後檐）

太和殿的門窗非常壯麗，前檐七間通裝大槅扇，兩梢間是坎窗；後檐除了明次三間安槅扇外均爲磚牆。格心是三交六椀的菱花。絛環、裙板雕著突起的螭龍，六抹大槅扇的邊挺與抹頭的接榫處加釘鎏金看葉，以防槅扇走閃。周圍小釘的釘帽也都鎏金，當時稱太和殿的裝修爲金扉、金鎖窗。

一四〇　太和殿槅扇門裙板

一四一　太和殿三交六椀菱花槅扇窗

一四二　太和殿内通夾室的門

一四三　交泰殿三交六椀菱花槅扇門

一四四　坤寧宮吊搭窗

清順治十二年（一六五五年）改建時，改原明間開門爲東次間開門，原菱花槅扇門改爲雙扇板門，其餘各間的菱花槅扇窗均改爲直棱吊搭式窗。

一四五　坤寧宮——清宮薩滿教祭神的重要場所

坤寧宮自清順治年間改建後，門的西側四間設南、北、西三面炕，作爲祭神的場所。與門相對後檐處設鍋竈，作殺牲煮肉之用。由于是皇家所用，竈間設菱花槅扇門，渾金毗盧罩，裝飾考究華麗。

一四六　坤寧宮東暖閣——皇帝大婚的洞房

坤寧宮室內東側兩間隔出爲暖閣，作爲居住的寢室。康熙皇帝、同治皇帝、光緒皇帝大婚，溥儀結婚都是在坤寧宮舉行。雍正以後，皇帝移住養心殿，皇后也不再住坤寧宮，這裏即成爲皇帝結婚的洞房。大婚衹在坤寧宮居住三天，三天後，皇后則要移到東西六宮中指定的一座宮院居住。

一四七　養心殿

養心殿，明代嘉靖年間建，位于內廷乾清宮西側。清初順治皇帝病逝于此地。康熙年間，這裏曾經作爲宮中造辦處的作坊，專門製作宮廷御用物品。自雍正皇帝居住養心殿後，造辦處的各作坊逐漸遷出內廷，這裏就一直作爲清代皇帝的寢宮。至乾隆年加以改造、添建，成爲一組集召見群臣、處理政務、皇帝讀書、學習及居住爲一體的多功能建築群。一直到溥儀出宮，清代有八位皇帝先後居住在養心殿。

養心殿爲工字形殿，前殿面闊三間，黃琉璃瓦歇山式頂，明間、西次間接捲棚抱厦。前檐檐柱位，每間各加方柱兩根，外觀似九間。明間西側的西暖閣則分隔爲數室，有皇帝看閱奏摺、與大臣秘談的小室，曰『勤政親賢』；有乾隆皇帝的讀書處三希堂；還有小佛堂、梅塢，是專爲皇帝供佛、休息的地方。養心殿的後殿是皇帝的寢宮，共有五間，東西梢間爲寢室，各設有床，皇帝可隨意居住。後殿兩側各有耳房五間，東五間爲皇后隨居之處，西五間爲貴妃等人居住。同治年間兩宮皇太后垂簾聽政時，慈安住在東側的『體順堂』，慈禧住在西側的『燕禧堂』，隨時登臨前堂，處理政務，確是十分方便。

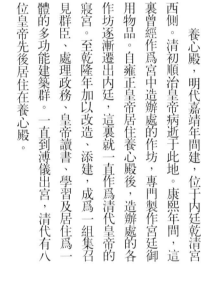

一四八　養心殿明間内景

皇帝的寶座設在明間正中，上懸雍正皇帝御筆『中正仁和』匾。

一四九　養心殿東暖閣

東暖閣兩間，内向西設寶座。這裏曾經是慈禧、慈安兩太后垂簾聽政處。

一五〇　養心殿三希堂

清乾隆時，内府所藏王羲之《快雪時晴帖》、王獻之《中秋帖》和王珣《伯遠帖》稱爲希世之珍，并藏在養心殿『温室』，額曰『三希堂』。

一五一 乾隆皇帝御筆『三希堂』

一五二 養心殿後殿明間内景

一五三 養心殿後殿東梢間皇帝寢室

一五四　養心殿東圍房

養心殿寢宮兩側各設有圍房十餘間，房間矮小，陳設簡單，是供妃嬪等人隨侍時臨時居住的地方。

一五五　鍾粹宮

一五六　鍾粹宮竹紋裙板

一五七　儲秀宮

儲秀宮是內廷西六宮之一，始建于明永樂十八年（一四二〇年），原名壽昌宮，嘉靖十四年（一五三八年）改曰儲秀宮。明清時爲妃嬪所居。光緒十年（一八八四年）爲慈禧太后五十壽辰，耗銀六十三萬兩修繕改建，使其成爲內廷東西六宮中最爲華麗和實用的宮院。其裝修、陳設都爲六宮之首，留下了大量的宮廷史迹，反映了晚清宮廷生活的一個側面。

儲秀宮爲單檐歇山頂，面闊五間，前出廊。檐下施斗栱，梁枋飾以淡雅的蘇式彩畫。

儲秀宮的庭院寬敞幽靜，兩棵蒼勁的古柏聳立其中，殿前東西兩側安置一對戲珠銅龍和一對銅梅花鹿，爲光緒十年慈禧五十大壽時所鑄。東西配殿爲養和殿、緩福殿，均爲面闊三間的硬山頂建築。

慈禧入宮之初曾居住在儲秀宮的後殿，并在此生下同治皇帝。光緒十年慈禧五十大壽時又移居儲秀宮，并將後殿定名爲麗景軒。

一五八　儲秀宮蝠壽紋支摘窗

儲秀宮門飾萬字錦底、五蝠捧壽紋；步步錦支摘窗飾萬字團壽紋。

一五九　儲秀宮東次間內景

東次間與明間之間有花梨木雕竹紋裙板玻璃槅扇相隔，東次、梢間之間設花梨木透雕纏枝葡萄紋落地罩。

一六〇　儲秀宮西次間內景

西次間與明間之間有花梨木雕玉蘭紋裙板玻璃槅扇，將西次間與明間隔開。西次、梢間以一道花梨木雕萬福萬壽紋爲邊框內鑲大玻璃的槅扇相隔。西梢間作爲暖閣，是居住的寢室。

一六一　太極殿

太極殿，內廷西六宮之一，建于明永樂十八年（一四二〇年）。原名未央宮，因嘉靖皇帝的生父興獻王朱祐杬生于此，故于嘉靖十四年（一五三五年）更名啓祥宮。明萬曆年間，乾清、坤寧兩宮火災，神宗朱翊鈞曾暫居啓祥宮。清代晚期改稱太極殿。清遜帝溥儀出宮前，同治帝瑜太妃曾居太極殿。

殿面闊五間，黃琉璃瓦歇山頂，前後出廊。外檐繪蘇式彩畫，門窗飾萬字錦地團壽紋，步步錦支摘窗。

一六二　太極殿銅鎏金看葉

槅扇的大邊與抹頭相接處加釘的連接物，有轉角處的人字葉、上下通直的梭葉、連接橫榫的丁字葉等，用以增加門角的牢固。

一六三　太極殿風門裙板裝飾

太極殿風門裙板不施油飾，萬字錦紋爲地，中爲團壽紋，四角各飾一隻蝙蝠，口銜桃、佛手、石榴等；邊框雕萬壽紋，龍鳳紋銅鎏金看葉。精緻素雅中極盡豪華，爲晚清建築木雕中的精品。

一六四　太極殿内景

太極殿明間正中設地屏寶座，東西次間分別以花梨木透雕花罩相隔。

一六五　長春宮

長春宮殿前左右設銅龜、銅鶴各一對。東配殿曰綏壽殿，西配殿曰承禧殿，各三間，前出廊，與轉角廊相連，可通各殿。廊内壁上繪有十八幅以《紅樓夢》爲題材的巨幅壁畫，屬清晚期作品。長春宮南面，即體元殿的後抱厦，爲長春宮院内的戲臺。東北角和西北角各有屏門一道，與後殿相通。

此宮明代爲妃嬪所居，天啓年間李成妃曾居此宮。清代爲后妃所居，乾隆皇帝的孝賢皇后曾居住長春宮，死後在此停放靈柩。同治年至光緒十年（一八八四年），慈禧太后一直在此宮居住。

一六六　長春宮内景

長春宮明間設地屏寶座，上懸『敬修内則』匾。左右有簾帳與次間相隔，梢間靠北設落地罩炕，爲寢室。

一六七　長春宮西次間内景

一六八　雨花閣

雨花閣位于內廷西六宮西側，清乾隆十四年（一七四九年）仿照西藏托林寺壇城殿建成，是宮中最大的一座藏傳佛教密宗佛堂。

雨花閣是形制獨特的漢藏建築樓閣式建築。外觀三層，一、二層之間靠北部設有暗層，爲『明三暗四』的格局，每層分別按照密宗的事、行、瑜伽、無上瑜伽四部設計布置，設供案、供佛像。檐下采用白瑪曲孜、獸面梁頭等裝飾；屋內天花裝飾爲六字真言及法器圖案，具有濃鬱的藏式佛教建築風格。屋面滿覆鎏金銅瓦，四條脊上各立一條鎏金行龍，寶頂處安鎏金銅塔。龍和塔共用銅近一千斤，乾隆四十四年（一七九九年）曾重造。

一六九　雨花閣檐下裝飾

一七〇　雨花閣二層內景

二層爲雨花閣的暗層，稱德行層。樓梯間前設供案，供行部佛像九尊，以宏光顯耀菩提佛爲中心，佛母和金剛各四尊分列左右。

一七一　雨花閣内樓梯間

一七二　梵華樓

紫禁城中藏傳佛教殿堂，建于乾隆三十七年（一七七二年）。位于寧壽宮區最北端，倚北宮牆而建，坐北朝南，面闊七間，上下二層，捲棚歇山頂。七間分別隔爲七室，下層明間供旃檀佛銅像，東西三間三面牆通壁挂唐卡，中間供掐絲琺琅大佛塔，六座佛塔均爲乾隆三十九年（一七七四年）造。東西三間頂棚中央設天井，與二層相通。

一七三　梵華樓一層佛堂内景

一七四　梵華樓二層佛堂内景

二層前檐爲通道，明間供宗喀巴像，其餘六間于北牆設長案，供密宗佛像五十四尊。東西壁爲佛龕，内供小銅佛像七百八十六尊。

色彩斑斕的琉璃世界

紫禁城建築的屋頂猶如黄色琉璃海洋，且孔雀藍、翠綠、絳紫、黑、白等不同顏色的搭配，使得宫殿色彩更爲秀美絢麗。

一七五　南三所鳥瞰

南三所是清乾隆十一年（一七四六年）所建的特爲皇子們居住的殿宇，稱擷芳殿，因内爲東、中、西三所殿宇，亦稱南三所，俗稱阿哥所，有房二百餘間。因南三所爲皇子們所居，屋頂均飾以綠琉璃瓦。

一七六　南三所大門内廣場

三所大門内有一廣場，東西寬，南北窄，廣場北側設有三座琉璃門，分別爲中所、東所、西所的大門。

一七七　御花園花壇

花壇位于絳雪軒前。壇的下部爲五彩琉璃須彌座，飾行龍纏枝西番蓮紋，上部周以翠綠色欄板，絳紫色望柱，裝飾華麗，色彩鮮艷，爲園中琉璃裝飾之杰作。壇内叠山，栽有牡丹，太平花等花木。

一七八　御花園花壇琉璃座

一七九　凝香亭

凝香亭，方形攢尖頂，黄、藍、緑三色琉璃瓦相間，如棋盤格，顯得十分活潑，爲宮中所僅有。

一八〇　如亭圍牆漏窗

如亭位于寧壽宫北、頤和軒西，是一座二層方形小亭，綠琉璃瓦黄剪邊四角攢尖頂，上置琉璃寶頂。亭的南、北、西三面設圍廊。圍廊二層，下層牆壁繪山水人物畫，上層牆壁開漏窗，琉璃裝飾。

此處爲清宫的一處小戲臺。

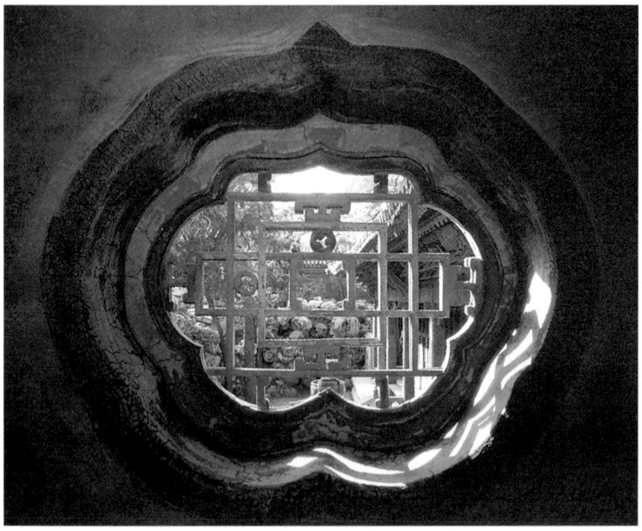

一八一　漏窗琉璃裝飾

一八二　竹香館圍牆

竹香館位于乾隆花園的北部，坐西面東，上下兩層，綠色琉璃瓦歇山捲棚頂，黄色琉璃瓦剪邊。

館前建有弓形牆垣，正中開八方形洞門，兩側安琉璃漏窗，將竹香館圍成獨立小院。院内松柏蒼翠，環境幽雅。

一八三　西華門内值房（黑琉璃瓦頂）

一八四　文淵閣（黑琉璃瓦綠剪邊）

文淵閣，清宫藏書樓，乾隆四十一年（一七七六年）建成，專貯《四庫全書》。

閣坐北面南，閣制仿浙江寧波范氏天一閣構置。外觀爲上下兩層，腰檐之處設有暗層，面闊六間。兩山牆青磚砌築直至屋頂，簡潔素雅。黑色琉璃瓦歇山頂，綠色琉璃瓦剪邊，黑色主水，喻意以水壓火，以保藏書樓的安全。閣後堆石成山，勢如屏障，其間植以松柏，歷時二百餘年，蒼勁挺拔，鬱鬱葱葱。

一八五　順貞門

順貞門是御花園的北門，内廷北宫牆的琉璃門，三間七樓牌樓式的琉璃貼面，垂蓮柱，輕巧秀美，富麗堂皇。

一八六　順貞門琉璃裝飾細部

一八七　皇極門

皇極門在寧壽門前，依寧壽宮南牆而設。由于牆垣高大，不用隨牆門的式樣，而是采用

木結構牌樓門的做法，用琉璃砌成三間七樓加垂蓮柱的三座門，把大門裝飾得更加壯觀。

一八八　皇極門琉璃裝飾細部

一八九　乾清門外影壁

乾清門是內廷的正門，乾清門廣場是外朝與內廷的界綫，寬闊的橫街作爲高聳的三臺與乾清門的過渡。在門兩側裝飾的八字照壁，增加了宮門的氣魄，收到了富麗豪華的藝術效果。

乾清門外影壁爲兩對，一對與乾清門平行相接，一對延此增高，再作斜置，與高大的內廷宮牆相連，在大面積的紅牆的襯托下愈加醒目。

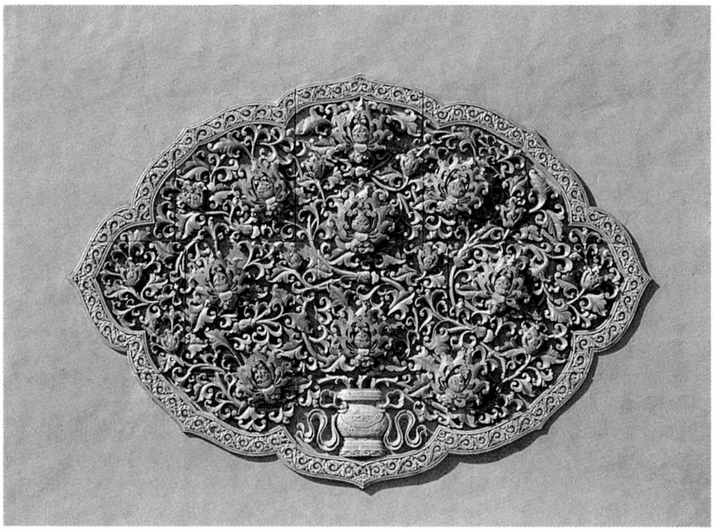

一九〇　乾清門影壁琉璃裝飾

乾清門琉璃影壁以紅牆作襯，壁面中心盒子、四角的岔角以黃琉璃勾邊，內飾綠琉璃花飾，黃琉璃須彌底座，裝飾簡潔大方。

一九一　天一門

御花園内欽安殿院牆的正門，南向，爲明嘉靖十四年（一五三五年）添建欽安殿院牆時所建，明代稱『天一之門』，取『天一生水』之義。此門爲青磚砌築，單券門洞，雙扇宫門，歇山式琉璃瓦頂。門外列銅鎏金麒麟一對，門内植有連理柏一株，環境清幽。這是位于紫禁城中軸綫上最小的一座門。

一九二　天一門影壁琉璃裝飾

天一門影壁以祥雲、仙鶴爲裝飾題材，點出了欽安殿用于道教的建築主題，可謂别具一格。

一九三　遵義門影壁琉璃裝飾

遵義門影壁的壁心爲黄琉璃貼砌，中心盒子以彩色琉璃構成一幅生動的畫面，緑葉蓮花、白色鷺鷥。彩雲縈繞，生機盎然。

一九四　養心門

養心殿是清代皇帝居住的地方，因此殿前的這座琉璃門裝飾得極爲精細、華麗。

門外有一東西狹長的院落，乾隆十五年（一七五〇年）在此添建連房三座，爲宫中太監、侍衛及值班官員的值宿之所。

一九五　景山

景山位于紫禁城北中軸綫上，爲明永樂營建紫禁城時開挖護城河土堆築而成，與金水河共同構築成紫禁城依山面水的氣勢，宛如一道天然屏障，守護著紫禁城。山爲五峰，主峰高四十三米。乾隆十六年（一七五一年）于五峰之上添建五亭。滿山蒼松翠柏，鬱鬱葱葱。明清兩代這裏曾是皇家御苑。

中國美術分類全集

中國建築藝術全集

第1卷 宮殿建築(一)(北京)

圖書在版編目(CIP)數據

中國建築藝術全集第(1)卷，宮殿建築（一）北京／于倬雲，周蘇琴著. —北京：中國建築工業出版社，2003

(中國美術分類全集)

ISBN 7-112-04787-0

Ⅰ. 中… Ⅱ. ①于… ②周… Ⅲ. ①建築藝術—中國—圖集②故宮—建築藝術—圖集 Ⅳ. TU-881.2

中國版本圖書館CIP數據核字（2002）第067172號

中國建築藝術全集編輯委員會 編

本卷主編 于倬雲 周蘇琴

出版者 中國建築工業出版社（北京百萬莊）

責任編輯 王伯揚

總體設計 雲 鶴

本卷設計 陳應剛 何冬燕

印製總監 楊一貴

製版者 北京利豐雅高長城印刷有限公司

印刷者 利豐雅高印刷（深圳）有限公司

發行者 中國建築工業出版社

二〇〇三年九月 第一版 第一次印刷

書號 ISBN 7-112-04787-0/TU · 4268(9032)

國内版定價 三五〇圓